Jan Mir

Uma introdução à nanomedicina

Jan Mir

Uma introdução à nanomedicina

Nanomedicina

ScienciaScripts

Imprint

Cover image: www.ingimage.com

This book is a translation from the original published under ISBN 978-620-2-02498-3.

Publisher:
Sciencia Scripts
is a trademark of
Dodo Books Indian Ocean Ltd. and OmniScriptum S.R.L publishing group

120 High Road, East Finchley, London, N2 9ED, United Kingdom
Str. Armeneasca 28/1, office 1, Chisinau MD-2012, Republic of Moldova, Europe
Printed at: see last page
ISBN: 978-620-7-74815-0

CONTENTOS

Introdução ao cenário atual do domínio

A nanotecnologia (por vezes abreviada para "nanotech") é a manipulação da matéria a uma escala atómica e molecular. A descrição mais antiga e generalizada de nanotecnologia referia-se ao objetivo tecnológico específico de manipular com precisão átomos e moléculas para o fabrico de produtos à escala macroscópica, também designada atualmente por nanotecnologia molecular. Uma descrição mais generalizada da nanotecnologia foi posteriormente estabelecida pela Iniciativa Nacional para a Nanotecnologia, que define a nanotecnologia como a manipulação da matéria com pelo menos uma dimensão entre 1 e 100 nanómetros. Esta definição reflecte o facto de os efeitos da mecânica quântica serem importantes a esta escala do reino quântico, pelo que a definição passou de um objetivo tecnológico específico para uma categoria de investigação que inclui todos os tipos de investigação e tecnologias que lidam com as propriedades especiais da matéria que ocorrem abaixo de um determinado limiar de dimensão. Por conseguinte, é comum ver a forma plural "nanotecnologias", bem como "tecnologias à escala nanométrica", para referir a vasta gama de investigação e aplicações cuja caraterística comum é a dimensão. Devido à variedade de aplicações potenciais (incluindo industriais e militares), os governos investiram milhares de milhões de dólares na investigação em nanotecnologias. Através da sua Iniciativa Nacional de Nanotecnologia, os EUA investiram 3,7 mil milhões de dólares. A União Europeia investiu 1,2 mil milhões e o Japão 750 milhões de dólares.

A nanotecnologia, tal como definida pela sua dimensão, é naturalmente muito vasta, incluindo domínios científicos tão diversos como a ciência das superfícies, a química orgânica, a biologia molecular, a física dos semicondutores, o microfabrico, etc. A investigação e as aplicações associadas são igualmente diversas, indo desde extensões da física convencional de dispositivos até abordagens completamente novas baseadas na auto-montagem molecular, desde o desenvolvimento de novos materiais com dimensões à escala nanométrica até ao controlo direto da matéria à escala atómica.

Os cientistas debatem atualmente as implicações futuras da nanotecnologia. A nanotecnologia pode vir a criar muitos materiais e dispositivos novos com uma vasta gama de aplicações, como na medicina, na eletrónica, nos biomateriais e na produção de energia. Por outro lado, a nanotecnologia suscita muitas das mesmas questões que qualquer nova tecnologia, incluindo preocupações sobre a toxicidade e o impacto ambiental dos nanomateriais e os seus potenciais efeitos na economia global, bem como especulações sobre vários cenários apocalípticos. Estas preocupações levaram a um debate entre grupos de defesa e governos sobre a necessidade de uma regulamentação especial das nanotecnologias.

Um trabalho no contexto da nanotecnologia, da nanomedicina e do desenvolvimento de novas terapias eficazes realizado por Kawasaki *et .al.* (2005)[1] sugere que o cancro é a principal causa de morte nos Estados Unidos entre as pessoas com menos de 85 anos e que, pela primeira vez, ultrapassou as doenças cardíacas como a principal causa de morte. Esta estatística preocupante não resultou de um aumento da incidência do cancro, mas sim do facto de as mortes por doença cardíaca terem diminuído quase para metade, enquanto o número de mortes relacionadas com o cancro se manteve praticamente igual. Este facto acentua a necessidade de uma nova geração de terapias mais eficazes para o cancro. O desenvolvimento de novas terapias no contexto dos avanços nas nanotecnologias relacionadas com a deteção, análise, diagnóstico e intervenção terapêutica do cancro tem sido feito. Em primeiro lugar, serão descritos vários métodos nanoanalíticos, como a utilização de pontos quânticos na deteção e imagiologia do cancro. Estas técnicas serão essenciais para o processo de descrição precisa do cancro ao nível da célula e do organismo. Em segundo lugar, serão dados exemplos do modo como as nanotecnologias podem ser utilizadas no desenvolvimento de novas terapias, incluindo métodos que poderão permitir uma administração de medicamentos mais eficiente e precisa e medicamentos orientados e concebidos de forma racional.

A nanotecnologia é um domínio multidisciplinar que abrange uma vasta e diversificada gama de dispositivos derivados da engenharia, da física, da química e da biologia, Sahoo *et al.*(2007)[2] . O novo e florescente domínio da nanotecnologia, aberto pelos rápidos progressos da ciência e da tecnologia, cria uma miríade de novas oportunidades para fazer avançar a ciência médica e o tratamento de doenças nos cuidados de saúde humanos. As aplicações da nanotecnologia à medicina e à fisiologia implicam materiais e dispositivos concebidos para interagir com o corpo a escalas subcelulares (ou seja, moleculares) com um elevado grau de especificidade. Isto pode ser potencialmente traduzido em aplicações clínicas específicas para células e tecidos, concebidas para alcançar a máxima eficácia terapêutica com o mínimo de efeitos secundários. São apresentados os principais aspectos científicos e técnicos da nanotecnologia e são mencionadas algumas das suas potenciais aplicações clínicas.

Pickup *et al* (2008)[3] desenvolveram o tratamento da diabetes através da nanotecnologia. Após uma sólida formação sobre os fundamentos da nanotecnologia e uma boa compreensão dos mecanismos da diabetes, é possível compreender melhor o tratamento atual e futuro. Com a duplicação prevista do número de pessoas que sofrem de diabetes em alguns países, é necessário pôr em prática novos métodos de tratamento para que a Organização Mundial de Saúde possa fazer face a esta crise que se aproxima. Embora a ciência ainda esteja a dar os primeiros passos, tem grandes aplicações potenciais no domínio da diabetes. Estas incluem a resolução de necessidades como a monitorização não invasiva da glucose através de nanosensores implantados, sendo as principais técnicas a transferência de energia por ressonância de fluorescência (FRET) e a deteção do tempo de vida da fluorescência, bem como novas tecnologias de nanoencapsulamento para sensores, como as películas camada a camada (LBL). Estas últimas podem também permitir uma melhor administração de insulina na diabetes através de um melhor encapsulamento das ilhotas e de formulações orais de insulina. Um "nano-pâncreas artificial" poderia ser um sistema alternativo de administração de insulina em circuito fechado. Outras aplicações da nanomedicina incluem a imagiologia molecular orientada (por exemplo, complicações tecidulares) utilizando pontos quânticos (QD) ou nanopartículas de ouro, e a deteção de moléculas únicas para o estudo da diversidade molecular na patologia da diabetes.

Surendiran *et al* (2009)[4] , considerada a complicação mais comum da diabetes e do cancro, tem grandes limitações, como a baixa sensibilidade ou especificidade e a toxicidade dos medicamentos, respetivamente. Estão a ser desenvolvidos novos e melhores métodos de deteção do cancro com base em nanopartículas. Estas são utilizadas como agentes de contraste, materiais fluorescentes, instrumentos de investigação molecular e medicamentos com anticorpos direccionados. As nanopartículas paramagnéticas, os pontos quânticos, as nano-cascas e os nanossomas são algumas das nanopartículas utilizadas para fins de diagnóstico. Os medicamentos com elevado potencial tóxico, como os quimioterápicos para o cancro, podem ser administrados com um melhor perfil de segurança com a utilidade da nanotecnologia. Estes medicamentos podem ser utilizados para atuar especificamente no tecido alvo por meios activos e passivos. Estão também a ser desenvolvidas outras modalidades de terapia, como a ablação induzida pelo calor de células cancerígenas por nano-conchas e a terapia genética. A segurança da nanomedicina ainda não está totalmente definida. No entanto, é possível que, no futuro, a nanomedicina venha a desempenhar um papel crucial no tratamento de doenças humanas e também no melhoramento da fisiologia humana normal.

A nanotecnologia é atualmente um dos capítulos mais importantes da investigação médica, tendo sido descritas aplicações da nanotecnologia na medicina e, em especial, no diagnóstico e tratamento do cancro, karlikowski *et al.* (2010)[5] . O cancro é uma das causas mais frequentes de morbilidade e mortalidade no Reino Unido. Embora o número de mortes por doenças cardiovasculares esteja a diminuir ao longo dos anos, tal não é tão evidente no caso do cancro, e presume-se que dentro de 10 a 20 anos se tornará a principal causa de morte. As modalidades actuais de diagnóstico e tratamento de diferentes doenças, e especialmente as aplicadas ao cancro, têm algumas limitações importantes. Estas estão relacionadas com a baixa sensibilidade e especificidade dos instrumentos de diagnóstico, bem como com a toxicidade dos medicamentos e os danos acidentais nos tecidos saudáveis no decurso da terapia do cancro. Os recentes desenvolvimentos no domínio da nanotecnologia oferecem novas oportunidades, a par da utilização de nanopartículas para melhorar os testes de deteção, a administração de medicamentos específicos e novas modalidades de tratamento, como a destruição térmica não invasiva das células cancerosas. Todos estes desenvolvimentos permitirão aos médicos oferecer aos doentes terapias mais personalizadas contra o cancro. O tratamento será individualizado para um subtipo específico de cancro. Serão administrados tratamentos específicos aos doentes que possam beneficiar deles e não aos que não respondam, para evitar efeitos secundários graves não justificados. Os potenciais efeitos secundários, particularmente na utilização a longo prazo de nanopartículas, ainda não são totalmente conhecidos e serão necessárias mais investigações.

Danhir *et al.* (2010)[6] referiram que as características particulares do microambiente tumoral e da angiogénese tumoral permitem conceber sistemas de administração de fármacos que visam especificamente os fármacos anticancerígenos para os tumores. A maioria dos agentes quimioterapêuticos convencionais tem um perfil farmacocinético deficiente e distribui-se de forma inespecífica no organismo, o que conduz a uma toxicidade sistémica associada a efeitos secundários graves. Por conseguinte, o desenvolvimento de sistemas de administração de fármacos capazes de atingir o local do tumor está a tornar-se um verdadeiro desafio que é atualmente abordado. A nanomedicina pode atingir o tumor de forma passiva através da vasculatura que o rodeia, graças ao efeito de permeabilidade e retenção reforçadas, ao passo que os ligandos enxertados na superfície dos nanoportadores permitem uma orientação ativa através da ligação aos receptores expressos em excesso pelas células cancerosas ou pelas células endoteliais angiogénicas.

Tendo em conta as ameaças das complicações mais comuns da diabetes, nomeadamente a neuropatia diabética, as doenças cardíacas e os acidentes vasculares cerebrais, os tratamentos actuais destes problemas médicos são apenas parcialmente bem sucedidos, Mcglade *et al.* (2011)[7] .

A nanotecnologia é explorada, bem como as implicações éticas de um campo da medicina relativamente novo e não testado. Os efeitos secundários da nanomedicina são desconhecidos, pelo que é difícil chegar a uma conclusão definitiva sobre a sua utilização no tratamento das complicações da diabetes e no domínio médico em geral. No entanto, no futuro, essas nanomedicinas poderão proporcionar tratamentos mais eficazes para a neuropatia diabética, as doenças cardíacas e os acidentes vasculares cerebrais. Ross *et al.* (2011)[8] investigaram os mecanismos da diabetes que foram obtidos para compreender melhor o tratamento atual e futuro. Exploração de algumas das formas de tratamento nanotecnológico da diabetes nos anos vindouros. Com a duplicação prevista do número de pessoas que sofrem de diabetes em alguns países, é necessário pôr em prática novos métodos de tratamento para que a Organização Mundial de Saúde possa fazer face a esta crise que se aproxima.

As abordagens da nanomedicina revolucionaram o tratamento do cancro e das doenças vasculares, tal como foi referido por Gupta *et al.* (2011)[9] . As abordagens da nanomedicina revolucionaram o tratamento do cancro e das doenças vasculares, em que a limitação da rápida depuração inespecífica, a fraca biodistribuição e os efeitos secundários nocivos associados à administração sistémica direta de fármacos podem ser ultrapassados através do acondicionamento dos agentes em nanoveículos estericamente estabilizados e de longa circulação, que podem ser modificados à superfície com ligandos para atingir ativamente os compostos celulares/moleculares da doença, com avanços significativos na genética, proteómica, biologia molecular e celular e engenharia de biomateriais, as estratégias de nanomedicina têm-se tornado progressivamente mais orientadas para a modulação da química da superfície e do volume dos nanoveículos, para o controlo da cinética de libertação dos fármacos, para a manipulação da geometria dos nanoconstrutores e para a integração de múltiplas funcionalidades em plataformas nanométricas únicas. A análise das promessas e destas abordagens ajudará a identificar e a otimizar o sistema de nanomedicina vascular para aumentar a sua eficácia e a sua tradução clínica no futuro, mas ainda não estão totalmente reconhecidas e serão necessárias mais investigações.

Kumria et. al. (2011)[10] referem que a diabetes está a atingir proporções epidémicas em todo o mundo. A estratégia de tratamento mais prevalente para a diabetes centra-se no controlo da glicemia pós-prandial, que está associada a doenças cardiovasculares. Nos últimos anos, as vias de administração de insulina sofreram uma alteração radical. A via subcutânea pode não conseguir necessariamente proporcionar um controlo satisfatório da hiperglicemia pós-prandial. O objetivo final do regime de insulina exógena nos diabéticos é imitar de perto e corretamente o perfil fisiológico observado nos não diabéticos. Durante a última década, foram estudadas muitas vias de administração de insulina, incluindo a pulmonar, nasal, rectal, transdérmica, bucal e ocular, para atingir os níveis terapêuticos de insulina utilizando sistemas de administração de fármacos não invasivos. Recentemente, a via bucal foi avaliada como uma via de administração de insulina segura, simples, rápida e flexível. O objetivo desta revisão é fornecer uma atualização sobre várias abordagens promissoras que têm sido exploradas para a administração bucal de insulina. O spray bucal de insulina proporcionou uma forma alternativa de insulina para o doente, bem como para o médico.

Nanotechnologies for Alzheimer's disease diagnosis, therapy, and safety issues by Brambilla *et al.* (2011)[11] é um bom trabalho que representa a forma mais comum de demência em todo o mundo, afectando mais de 35 milhões de pessoas. Os avanços na nanotecnologia estão a começar a exercer um impacto significativo na neurologia. Estas abordagens, que se baseiam frequentemente na conceção e engenharia de uma infinidade de entidades nanoparticuladas com elevada especificidade para as células endoteliais capilares do cérebro, estão atualmente a ser aplicadas ao diagnóstico e tratamento precoces da DA. Além disso, as nanopartículas (NPs) com elevada afinidade para as formas circulantes de amiloide-β (Aβ) podem induzir um "efeito de sumidouro" e melhorar o estado da doença de Alzheimer. Há também desenvolvimentos relacionados com o diagnóstico in vitro da doença de Alzheimer, incluindo bio-barcodes ultra-sensíveis baseados em NP, imunossensores, bem como procedimentos de microscopia de tunelamento de varrimento capazes de detetar Aβ1-40 e Aβ1-42. No entanto, existem preocupações relativamente ao início de possíveis eventos adversos mediados por NP na AD, exigindo assim a utilização de nano-construções montadas com precisão a partir de materiais biocompatíveis. Os principais avanços e questões de segurança são revistos e discutidos.

A diabetes mellitus é um grupo de perturbações metabólicas em que uma pessoa tem um nível elevado de açúcar no sangue, quer porque o corpo não produz insulina suficiente, quer porque as células não respondem à insulina. Existem três tipos principais de diabetes, Makheswari et .al.(2012)[12] . Os sintomas incluem sede aumentada, micção frequente, fome constante, perda de peso, visão turva, etc. As complicações incluem hipo/hiperglicemia, cetoacidose diabética, hipertensão, neuropatia, nefropatia, etc. A insulinoterapia é utilizada para o tratamento da diabetes através da administração de insulina exógena. O transplante de células dos ilhéus é um procedimento que controla eficazmente o nível de glucose no sangue dos doentes diabéticos. Várias plantas foram descritas como medicina tradicional para o tratamento da diabetes. Verificou-se que a suplementação com vitamina D reduz a incidência de diabetes de tipo I. Várias classes de agentes hipoglicémicos orais, como as sulfonilureias, as biguanidas e os inibidores da alfa-glicosidase, estão disponíveis para o tratamento da diabetes de tipo II. A administração de fármacos direccionados para o tratamento da diabetes utilizando a nanotecnologia é um dos avanços recentes da nanomedicina.

Subramania *et al.* (2012)[13] discutiram nanopartículas poliméricas, administração oral de insulina utilizando polissacáridos e nanopartículas poliméricas, formulações de nanopartículas de insulina inaláveis e administração de insulina utilizando BioMEMS. Para além das nanopartículas cerâmicas e poliméricas, são utilizados estudos sobre nano partículas para administração de insulina no tratamento dos sintomas associados à diabetes. Existem algumas limitações na utilização de sistemas convencionais de administração de medicamentos para o tratamento da diabetes.

A nanomedicina é definida como a integração da nanotecnologia na medicina para melhorar os cuidados de saúde humana, Rahiman *et al.* (2012)[14] . O novo e florescente domínio da nanomedicina, aberto pelos rápidos progressos registados nos cuidados de saúde, cria uma miríade de novas oportunidades para fazer avançar a ciência médica e o tratamento de doenças nos cuidados de saúde humanos. Em todo o mundo, cerca de 230 milhões de pessoas foram afectadas pela diabetes, que é uma doença metabólica crónica devida a uma deficiência relativa da secreção de insulina e a vários graus de resistência à insulina e que se caracteriza por uma glicose elevada em circulação. Os principais problemas da auto-monitorização convencional da glicose são ultrapassados pelos avanços da nanomedicina, como os nanosensores de glicose, a técnica camada a camada (LBL), os nanotubos de carbono e os pontos quânticos (QD), etc. O principal problema que se prende com o controlo da diabetes através de vias de administração de insulina inadequadas também foi resolvido pela nanomedicina com uma melhor tecnologia de administração de insulina, como formulações orais de insulina, pâncreas artificial, microesferas e nanobombas, etc. O stress oxidativo é imperativo para a morbilidade das complicações diabéticas, como o atraso na cicatrização de feridas, um problema bem conhecido na diabetes e que pode ser tratado com a utilização de algumas nanopartículas.

A eficácia, a absorção celular e o transporte específico de fármacos e/ou agentes de imagiologia para órgãos, tecidos e células-alvo são questões comuns no diagnóstico e tratamento de diferentes doenças, Francesca *et al.* (2012)[15] . Os nanomateriais artificiais, objectos com dimensões de 1-100 nm, constituem ferramentas biomédicas interessantes, potencialmente capazes de resolver estes problemas, graças às suas características físico-químicas e à possibilidade de multifuncionalização, o que permite conferir-lhes diferentes características ao mesmo tempo, incluindo a capacidade de atravessar a barreira hemato-encefálica. Finalmente, discute-se a sua potencial neurotoxicidade e abordam-se futuras abordagens nanotecnológicas.

A nanotecnologia e as suas aplicações na administração de fármacos, de Sehgal *et al.* (2011)[16] , também é digna de menção no presente contexto. Tem-se verificado um rápido aumento da nanotecnologia nos domínios da medicina e, mais especificamente, na administração de medicamentos específicos. Atualmente, estão a ser investigadas muitas substâncias para a administração de medicamentos e, mais especificamente, para a terapia do cancro. É interessante notar que as ciências farmacêuticas também estão a utilizar nanopartículas para reduzir a toxicidade e os efeitos secundários dos medicamentos. O potencial para atravessar a barreira hemato-encefálica (BBB) abriu novas vias para a administração de medicamentos no cérebro. Além disso, a dimensão nanométrica também permite o acesso à célula e a vários compartimentos celulares, incluindo o núcleo. Considera-se também que as nanopartículas têm potencial como novas sondas intravasculares ou celulares para fins de diagnóstico e terapêuticos (administração de fármacos/genes), o que deverá gerar inovações e desempenhar um papel fundamental na medicina. A administração de fármacos/genes em alvos específicos e o diagnóstico precoce no tratamento do cancro é uma das áreas de investigação prioritárias em que a nanomedicina desempenhará um papel vital.

A nanomedicina e o desenvolvimento de terapias eficazes contra o cancro

A guerra contra o cancro está agora na sua quarta década desde que o National Cancer Act foi aprovado em 1971. Embora tenham sido feitos muitos progressos na catalogação das causas ambientais e da base biológica celular e molecular desta temida doença, ainda não temos uma compreensão exacta das diferenças entre uma célula cancerosa e a sua contraparte normal. Se não compreendermos o cancro, não o poderemos controlar, vencer e eliminar. A conclusão da sequência do genoma humano em 2001[17-18] e as melhorias subsequentes nos dados da sequência[19] são passos importantes para o nosso objetivo de compreender plenamente a biologia das células cancerosas. Estamos agora mais perto de poder caraterizar completamente as diferenças entre a célula normal e a célula tumoral. Juntamente com a utilização de técnicas de microdissecção[20] , é também possível interrogar a composição genética de tipos de células individuais. A esperança é que a utilização destas tecnologias acelere o progresso na identificação das diferenças entre as células normais e as células tumorais, o que, por sua vez, conduzirá ao desenvolvimento de novas terapias que visem especificamente o cancro. O objetivo final destas estratégias é eliminar o tumor com um efeito limitado no tecido normal. Mais ou menos na mesma altura em que o genoma humano estava a ser sequenciado, surgiu um novo e inovador foco de investigação a partir da convergência e fusão de muitas disciplinas científicas diferentes. Esta nova área de investigação, por uma questão de simplicidade, é designada por nanotecnologia como um termo geral para a criação, manipulação e aplicação de estruturas na gama de dimensões nanométricas. O termo nano ciência é utilizado para inferir o estudo dos fenómenos associados a objectos definidos de forma algo arbitrária como tendo dimensões entre 1 e 100 nm. De facto, o prefixo nano está a ser utilizado em tantos campos de investigação que se tornou uma fonte de confusão[21]. Neste artigo, a nanomedicina pode ser considerada como uma subdisciplina contida na nanotecnologia ou nas nanociências. Os aspectos nanomédicos da nanotecnologia serão realçados e abrangerão áreas como a bioimagem, os sistemas de administração de medicamentos e as novas terapias medicamentosas relacionadas com o cancro. Esta não será uma revisão exaustiva, uma vez que apenas serão apresentados alguns exemplos, pelo que os autores pedem desculpa pelos muitos artigos excelentes no domínio da nanomedicina que não serão citados.

Serão criados dispositivos à escala nanométrica que podem fornecer agentes de prevenção e tratamento do cancro. Estes poderão incluir as nanopartículas/lipossomas acima descritas para a administração de medicamentos.

As vacinas multicomponentes anticancerígenas serão testadas utilizando veículos de entrega à escala nanométrica, tal como descrito acima na secção sobre imunoterapia contra o cancro.

O presente e o futuro da nanotecnologia nos cuidados de saúde humana

A nanotecnologia pode ser definida como a ciência e a engenharia envolvidas na conceção, síntese, caraterização e aplicação de materiais e dispositivos cuja organização funcional mais pequena, em pelo menos uma dimensão, se situa na escala nanométrica (milionésima parte do metro)[22-23] Nos últimos anos, a nanotecnologia tem crescido a passos largos e este domínio científico multidisciplinar está a sofrer um desenvolvimento explosivo[24] . Pode revelar-se uma bênção para os cuidados de saúde humanos, porque a nanociência e as nanotecnologias têm um enorme potencial para trazer benefícios em domínios tão diversos como o desenvolvimento de medicamentos, a descontaminação da água, as tecnologias da informação e da comunicação e a produção de materiais mais fortes e mais leves. A investigação em nanotecnologia no domínio dos cuidados de saúde humana pode, sem dúvida, resultar em imensos benefícios para a saúde. A génese da nanotecnologia pode ser atribuída à promessa de avanços revolucionários na medicina, comunicações, genómica e robótica. Uma lista completa das potenciais aplicações da nanotecnologia é demasiado vasta e diversificada para ser discutida em pormenor, mas, sem dúvida, um dos maiores valores da nanotecnologia será o desenvolvimento de novos e eficazes tratamentos médicos[25-26] . Estas tecnologias alargarão os limites dos actuais diagnósticos moleculares e permitirão um diagnóstico preciso, bem como o desenvolvimento de uma medicina personalizada.

A nanomedicina e o seu potencial na investigação e na prática da diabetes

A nanotecnologia é a medição e a manipulação de materiais ao nível de 1-100 nano metros (nm), sendo 1 nm 10^{-9} ou um bilionésimo de metro (*nanos*, grego, "anão"). Quando esta ciência é aplicada especificamente aos problemas da medicina, designa-se por nanomedicina. [27] A escala da nanomedicina exclui convencionalmente, no extremo inferior, os átomos, que têm uma dimensão de cerca de 0,1 nm, e, no extremo superior, entidades biológicas como as bactérias (1000-10 000 nm) e as células do corpo (por exemplo, 10 000 nm para um glóbulo branco). É evidente que o corpo configurou muitos dos seus componentes biológicos como nanoestruturas, incluindo proteínas, mitocôndrias, canais iónicos, membranas, grânulos de secreção, lisossomas, etc., mas estão atualmente a ser fabricados muitos novos materiais e estruturas nanométricos que podem ser úteis em medicina, incluindo nanopartículas, cápsulas, películas e tubos, e moléculas complexas como os fulerenos (um novo alótropo do carbono que contém, na sua forma original, 60 átomos de carbono dispostos simetricamente como uma bola molecular com um diâmetro de cerca de 1 nm [27]

A nanomedicin*a pode ser* cla*ssificada em*[28] *me*dição (ou "nanometrologia"), que diz respeito à medição de quantidades muito pequenas de análises (por exemplo, moléculas individuais) ou à utilização de dispositivos de medição de dimensão muito pequena (por exemplo, sensores no interior de uma célula), ou terapia, uma vez que todas as manipulações e construções de materiais a nível nanométrico dizem respeito, em última análise, a terapias (por exemplo, membranas e revestimentos para terapias mais biocompatíveis). sensores no interior de uma célula), ou[29] *terapia*, uma vez que todas as manipulações e construções de materiais ao nível nanométrico dizem respeito, em última análise, a terapias (por exemplo, membranas e revestimentos para implantes mais biocompatíveis ou veículos para administração de medicamentos), se não disserem respeito a medições (por exemplo, construção de dispositivos à escala nanométrica para monitorizar analitos dentro ou fora do corpo).

Algumas das vantagens potenciais da investigação à escala nanométrica e das suas aplicações clínicas são bastante óbvias, como o facto de as dimensões reduzidas permitirem um acesso sem precedentes a áreas-alvo no corpo (por exemplo, nanoestruturas e dispositivos para imagiologia, análise, tratamento ou reparação no interior de tecidos e células doentes) e de o ensaio de quantidades muito pequenas de bioanalitos poder permitir um diagnóstico mais precoce e mais sensível. Mas muito do interesse pela nanotecnologia deve-se à razão menos óbvia de que a natureza de alguns materiais é alterada de formas inesperadas à medida que o tamanho é reduzido, os chamados "efeitos quânticos", produzindo alterações em propriedades como a condutividade eléctrica, a resistência, o arrefecimento e a reatividade. Por exemplo, o carbono, que é macio e maleável como a grafite, torna-se, sob a forma de nano tubos de carbono (1,5 nm de diâmetro), flexível, resistente e mais forte do que o aço, bem como fluorescente e condutor de eletricidade praticamente sem resistência [30-31]

Novas aplicações da nanotecnologia na medicina

A nanomedicina envolve a utilização da nanotecnologia em benefício da saúde e do bem-estar humanos. A utilização da nanotecnologia em vários sectores da terapêutica revolucionou o campo da medicina, onde as nanopartículas de dimensões compreendidas entre 1 e 100 nm são concebidas e utilizadas para fins de diagnóstico, terapêuticos e biomédicos, bem como para investigação[32] . Com a ajuda destas ferramentas, é agora possível realizar uma terapia a nível molecular, tratando assim a doença e ajudando no estudo da sua patogénese. Os fármacos convencionais sofrem de grandes limitações devido aos efeitos adversos que ocorrem em resultado da não especificidade da ação do fármaco e da falta de eficácia devido a uma formulação de dosagem inadequada ou ineficaz (por *exemplo*, quimioterapia do cancro e agentes antidiabéticos). A conceção de medicamentos com maior grau de especificidade celular melhora a eficácia e minimiza os efeitos adversos. Os métodos de diagnóstico com um maior grau de sensibilidade ajudam na deteção precoce da doença e proporcionam um melhor prognóstico. A nanotecnologia está a ser amplamente aplicada para proporcionar uma terapia medicamentosa orientada, diagnósticos, regeneração de tecidos, cultura de células, biossensores e outras ferramentas no domínio da biologia molecular. Estão a ser desenvolvidas várias plataformas de nanotecnologia, como fulerenos, nano tubos, pontos quânticos, nano poros, den drimers, lipossomas, nano sondas magnéticas e nanopartículas controladas por rádio.

Aplicações diagnósticas e terapêuticas da nanotecnologia no cancro

A nanotecnologia (do grego nano - "anão") foi imaginada pela primeira vez pelo físico, laureado com o Prémio Nobel, Richard Feynman, na sua conferência "há muito espaço no fundo", em 1959, e é definida como o estudo e a utilização de estruturas com dimensões entre 1 e 100 nanómetros, a escala de moléculas como as proteínas e os anticorpos receptores. A ilustração seguinte pode ajudar-nos a compreender o quão pequeno é 1 nanómetro. Na realidade, é 100.000 vezes mais pequeno do que o diâmetro de um cabelo humano.

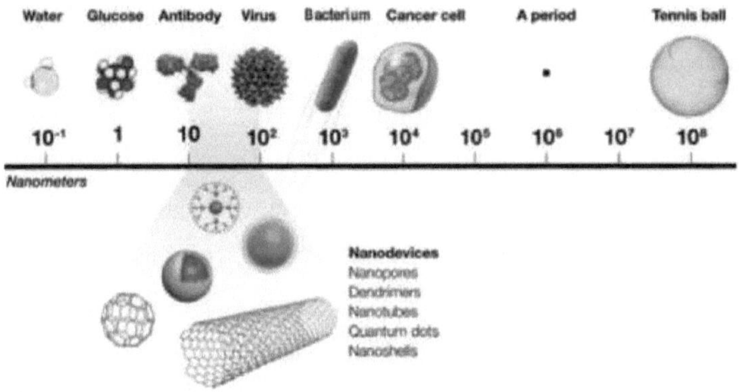

Fig.1

Os cientistas já trabalhavam com nanopartículas há séculos, mas não conseguiam ver a sua estrutura até aos últimos anos, quando foram desenvolvidos microscópios capazes de mostrar estruturas tão pequenas como um átomo. Com uma melhor compreensão científica dos processos a nível molecular, foi possível criar os dispositivos mais pequenos e utilizá-los para ajudar em várias designações.[33] O espetro de aplicações da nanotecnologia é enorme, incluindo a eletrónica, a ótica, a química, a tecnologia da informação e as biociências.

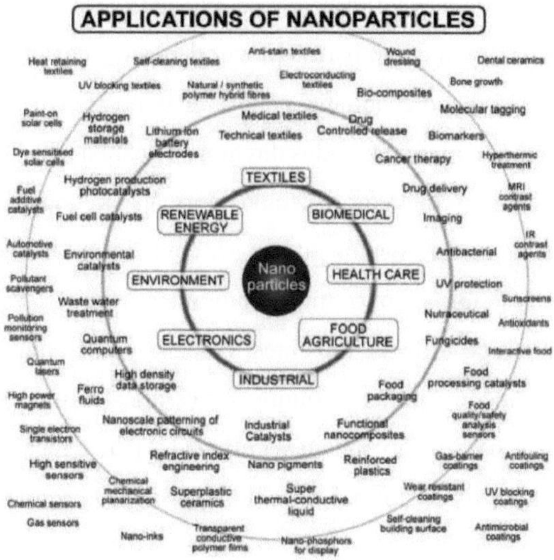

Fig.2

Devido ao facto de os elementos básicos dos organismos vivos, componentes das células, serem de dimensão nanométrica, a aplicação da nanotecnologia neste domínio, a nanobiotecnologia, parece ser
uma consequência natural. A medicina é o domínio que mais
pode beneficiar da utilização da nanotecnologia, uma vez que lida com espécimes ao mais pequeno nível. Para além disso,
o desenvolvimento de nanodispositivos
minúsculos pode tornar possível entrar no corpo e explorá-lo a partir do seu interior, o que, ainda há uma década, era apenas ficção científica. Há muitas áreas na medicina que podem ser revolucionadas pela utilização da nanotecnologia.

Nanobots - nanodispositivos, que podem ser utilizados para algumas intervenções no interior do corpo; podem mesmo ser programados de forma a construir novos nanobots. Devem ser construídos nanocomputadores para supervisionar o trabalho dos nanobots. Estes podem ser suficientemente pequenos para reparar células que funcionam a nível atómico/molecular. [34] Podem ser utilizados em doenças cardíacas para reparar células cardíacas danificadas, bem como para remover depósitos de colesterol do interior das artérias coronárias. A nanotecnologia pode ajudar no tratamento e diagnóstico do cancro. Os nanobots podem ser enviados diretamente para o lado do tumor para destruir as células cancerígenas, sem afetar os tecidos normais circundantes. Com a utilização de nanopartículas, os medicamentos podem ser enviados e libertados diretamente nas células cancerígenas, tornando o tratamento mais eficaz e reduzindo os efeitos secundários. Em vez de utilizar implantes, como é prática atual, pode ser possível enviar nanobots para construir as estruturas necessárias in situ. As nanopartículas de diferentes composições também podem ser utilizadas para a reparação óssea, ajudando a restaurar a estrutura óssea normal após uma fratura. Os nanobots injectados numa veia podem ser utilizados como um valioso dispositivo de diagnóstico, uma espécie de nano endoscopia, fornecendo à equipa médica dados importantes sobre o estado dos doentes. Com o desenvolvimento futuro, poderá ser possível utilizar nanobots a nível celular para proporcionar aos doentes uma terapia genética avançada, em que os genes anómalos podem ser trocados por genes normais. A nanotecnologia pode ser utilizada em sistemas de administração de medicamentos para garantir que determinados medicamentos sejam libertados em alturas adequadas, a fim de eliminar erros humanos, por exemplo, em doentes idosos. Pode facilitar muito a vida aos diabéticos - em vez de análises sanguíneas invasivas, podem ser utilizadas lentes de contacto nano-compostas com a propriedade de mudar de cor consoante o nível de açúcar no sangue.

Cancro

O cancro (neoplasia maligna) é o tipo de doença em que as células anormais se dividem de forma descontrolada e acabam por invadir os tecidos circundantes, destruindo-os. Em alguns casos, o cancro pode espalhar-se para locais distantes do corpo, formando metástases. As células cancerosas podem ser transportadas pela linfa ou pelo sangue. Existem mais de 100 tipos de cancro, que podem ser agrupados em cinco categorias, consoante a sua origem Carcinoma - tem origem na pele ou nos tecidos que revestem ou cobrem os órgãos internos Sarcoma - tem início nos ossos, cartilagens, gordura, músculo, sangue, vasos e tecidos conjuntivos Leucemia - tem início no tecido que forma o sangue, como a medula óssea Linfoma e mieloma - têm origem no sistema imunitário Cancros do sistema nervoso central - têm origem nos tecidos do cérebro e da espinal medula. [34] O cancro deve ser distinguido dos tumores que não invadem os tecidos adjacentes nem provocam metástases (o chamado tumor benigno). Alguns deles podem ser incluídos num grupo de doenças ambientais, enquanto outros parecem ter causas genéticas, Todos os cancros começam nas células. Ocasionalmente, o material genético das células pode ser danificado ou alterado, por vezes como consequência de influências ambientais. Com efeito, produzem-se mutações. Uma célula mutada pode tornar-se a fonte de cancro quando um mecanismo regulador da apoptose é afetado. A ação dos oncogenes que estimulam o crescimento e a reprodução celular é normalmente equilibrada por genes supressores de tumores. Quando este equilíbrio é afetado por algum motivo, ocorre a proliferação celular. Estas células extra podem formar uma massa chamada tumor.[34]

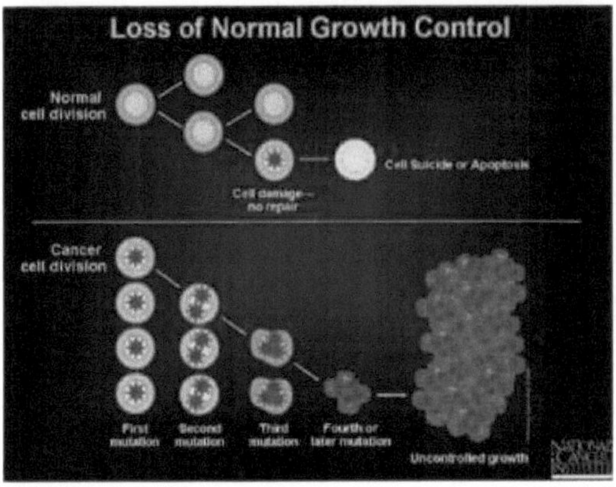

Diagnóstico de cancro

Na maioria dos casos, o diagnóstico inicial é feito com base nos sintomas ou nos resultados do rastreio do cancro. No entanto, os sintomas precoces não são diagnósticos na grande maioria dos casos, enquanto os testes de rastreio não são específicos para determinados tipos de cancro. Exames anatomopatológicos (invasivos): recolha de amostras de tecido para exame anatomopatológico - só a biopsia pode fornecer um diagnóstico definitivo. Médicos: análises de sangue não invasivas, imagiologia: Radiografias, TAC, RMN, PET Os problemas são a baixa sensibilidade e a fraca especificidade. As técnicas de diagnóstico actuais são muitas vezes ineficazes para fazer um diagnóstico precoce, uma vez que não foram concebidas para detetar células cancerígenas singulares.

O cancro só pode ser detectado se houver alterações visíveis no tecido - nessa fase, existem milhares de células e o cancro já é normalmente metastático.

Nanotecnologia no cancro

A utilização da nanotecnologia no tratamento do cancro é atualmente o segmento mais importante da nanomedicina. O diagrama abaixo resume as aplicações da nanotecnologia no cancro: deteção, tratamento e monitorização, que serão abordadas na próxima parte do trabalho.[35]

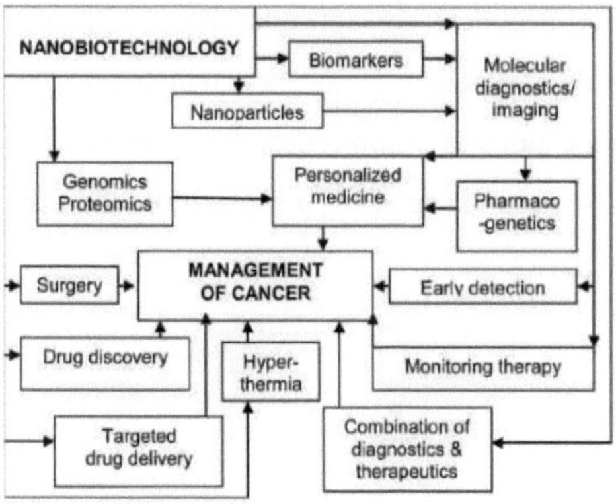

O papel da nanotecnologia no diagnóstico do cancro

É complementar às tecnologias já existentes, parece ser muito útil na investigação de biomarcadores, proporciona uma melhor sensibilidade aos testes e pode ser utilizado para a imagiologia de tumores.

As nanopartículas de óxido de ferro super paramagnético (SPION) - núcleo de óxido de ferro com um revestimento hidrofílico - podem ser aplicadas como agente de contraste para a RM; podem alterar os gradientes do campo magnético no tecido alvo. São linfotrópicos e, quando administrados por via intravenosa, ficam retidos nos gânglios linfáticos. São muito valiosos para a deteção de gânglios linfáticos metastáticos, não detectados na RM normal.

Explorar o microambiente tumoral: Seleção passiva e ativa de nanoportadores para a administração de medicamentos anti-cancro

O cancro é uma das principais causas de morte em todo o mundo. A Organização Mundial de Saúde estima que 84 milhões de pessoas morrerão de cancro entre 2005 e 2015. Para uma terapia eficaz do cancro, é necessário melhorar os nossos conhecimentos sobre a fisiopatologia do cancro, descobrir novos medicamentos anticancerígenos e desenvolver novas tecnologias biomédicas. Atualmente, a terapia do cancro tornou-se um desafio multidisciplinar que exige uma colaboração estreita entre clínicos, cientistas biológicos e de materiais e engenheiros biomédicos. Os agentes quimioterapêuticos convencionais distribuem-se de forma não específica no organismo, afectando tanto as células normais como as tumorais. Dada a potência dos agentes farmacológicos modernos, a seletividade dos tecidos é uma questão importante. Assim, a dose alcançável no interior do tumor sólido é limitada, o que resulta num tratamento insuficiente devido a toxicidades excessivas. O objetivo final da terapêutica do cancro é aumentar o tempo de sobrevivência e a qualidade de vida do doente, reduzindo a toxicidade sistémica da quimioterapia.[36] A ideia de explorar as anomalias vasculares dos tumores, evitando a penetração no tecido intersticial normal e permitindo o acesso aos tumores, torna-se particularmente atraente. Neste contexto, o direcionamento para o tumor de terapêuticas baseadas em nanomedicina surgiu como uma abordagem para ultrapassar a falta de especificidade dos agentes quimioterapêuticos convencionais[37] . Este conceito remonta a 1906, quando Ehrlich imaginou pela primeira vez a "bala mágica"[38] . O desafio da seleção de alvos é triplo: (i) encontrar o alvo adequado para uma determinada doença; (ii) encontrar o fármaco que trate eficazmente essa doença e (iii) encontrar a forma de transportar o fármaco.A orientação específica dos nanoportadores para o tumor conduz a melhores perfis de farmacocinética e dinâmica de Parma, à libertação controlada e sustentada de fármacos, a uma maior especificidade, a uma maior internalização e entrega intracelular e, mais importante ainda, a uma menor toxicidade sistémica. O direcionamento para o tumor consiste no "direcionamento passivo" e no "direcionamento ativo"; no entanto, o processo de direcionamento ativo não pode ser separado do passivo porque ocorre apenas após a acumulação passiva nos tumores[38] Em alternativa, os agentes anticancerígenos existentes podem ser mais eficazes através da utilização de nanomedicamentos (a aplicação médica da nanotecnologia). O relatório Forward Look on Nanomedicine da Fundação Europeia da Ciência definiu os nanomedicamentos como "sistemas complexos à escala nanométrica, constituídos por, pelo menos, dois componentes, um dos quais é o ingrediente ativo". Protegendo o fármaco da degradação, os nanotransportadores têm de ser capazes de direcionar o fármaco para o local do tumor, reduzindo os danos nos tecidos normais.

O desenvolvimento de nanoportadores para fármacos pouco solúveis é muito interessante porque uma grande parte dos novos candidatos a fármacos que emergem do rastreio de elevado rendimento são fármacos pouco solúveis em água, que são também pouco absorvidos e que apresentam uma baixa biodisponibilidade. As nanopartículas são estruturas sólidas e esféricas, com cerca de 100 nm de dimensão, nas quais os fármacos são encapsulados numa matriz polimérica. Distinguimos entre "nanoesferas", em que o fármaco se encontra disperso nas partículas, e "nanocápsulas", em que o fármaco se encontra encerrado numa cavidade rodeada por uma membrana polimérica[39] . As micelas poliméricas (Fig. 5) estão dispostas numa estrutura esférica com um núcleo hidrofóbico que aumenta a solubilidade de fármacos pouco solúveis em água e uma coroa hidrofílica que permite um longo tempo de circulação do fármaco, impedindo as interacções entre o núcleo e os componentes sanguíneos. Estes sistemas são dinâmicos e têm um tamanho geralmente inferior a 50 nm[40] . Os lipossomas (Fig. 5) são vesículas esféricas fechadas formadas por uma ou várias bicamadas de fosfolípidos que envolvem um núcleo aquoso no qual podem ser aprisionados fármacos. Podem também ser PEGilados e enxertados com ligandos de direcionamento[41] . Os dendrímeros (Fig. 5) são macromoléculas altamente ramificadas com uma arquitetura tridimensional controlada. Os polímeros crescem a partir de um núcleo central através de uma série de reacções de polimerização. Os fármacos são ligados a grupos de superfície através de modificações químicas[42] . Podem ser enxertados com ligandos de direcionamento[43] . Para contribuir para as características "furtivas" das nanopartículas PEGylated, existem três factores importantes: (i) o peso molecular da cadeia PEG, (ii) a densidade da cadeia de superfície e (iii) a conformação. O revestimento das cadeias de PEG à superfície das nanopartículas resulta num aumento da semi-vida na circulação sanguínea em várias ordens de grandeza. Ao criar uma camada protetora hidrofílica em torno das nanopartículas, as forças de repulsão estérica repelem a absorção das proteínas opsoninas, bloqueando e atrasando assim o processo de opsonização [44]

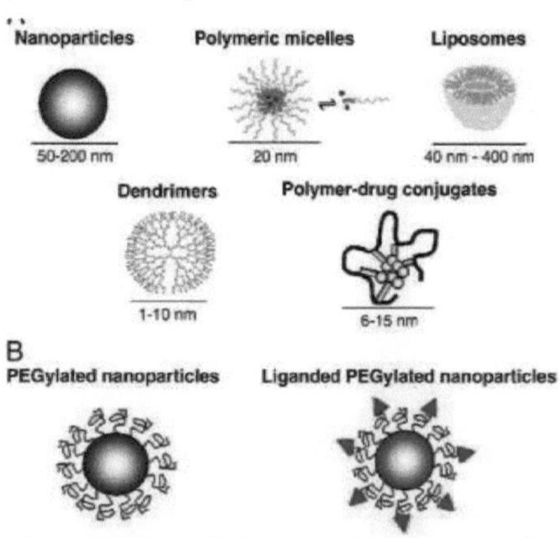

Fig.5. Nanomedicina na administração de medicamentos. A. Tipos de nanocarreadores atualmente descritos em estudos pré-clínicos e clínicos. B. Representação esquemática da PEGilação e do enxerto de ligandos.

Microambiente tumoral

Na terapia do cancro, o microambiente tumoral é uma das muitas áreas que são estudadas para conceber novas terapias. Mais precisamente, o conhecimento e a compreensão do microambiente tumoral permitem aos investigadores elaborar diferentes estratégias terapêuticas, com base em numerosas diferenças em relação ao tecido normal, incluindo anomalias vasculares, oxigenação, perfusão, pH e estados metabólicos. Aqui, as diferenças em termos de morfologia da vasculatura tumoral e do pH serão particularmente descritas, uma vez que são as características mais relevantes para a conceção de nanocarreadores como sistemas de administração de fármacos dirigidos ao tumor.

Efeito de permeabilidade e retenção reforçadas (EPR) As alterações estruturais da fisiopatologia vascular podem proporcionar oportunidades para a utilização de sistemas de transporte de partículas de longa circulação. A capacidade do endotélio vascular para apresentar fenestrações abertas foi descrita para o endotélio sinusal do fígado[45] quando o endotélio é perturbado por um processo inflamatório, por áreas hipóxicas do miocárdio enfraquecido[46] ou em tumores[48] . Mais especificamente, os vasos sanguíneos tumorais são geralmente caracterizados por anomalias, tais como uma elevada proporção de células endoteliais em proliferação, deficiência de pericitos e formação aberrante da membrana basal, o que conduz a uma maior permeabilidade vascular. As partículas, como os nanoportadores (na gama de tamanhos de 20-200 nm), podem extravasar e acumular-se no espaço intersticial. Os poros endoteliais têm tamanhos que variam de 10 a 1000 nm[49] . Além disso, os vasos linfáticos estão ausentes ou não são funcionais no tumor, o que contribui para uma drenagem ineficaz do tecido tumoral. Os nanoportadores que entram no tumor não são removidos eficazmente, ficando assim retidos no tumor. O efeito "Enhanced Permeability and Retention (EPR)", descoberto por Matsumura e Maeda[50-51] . A arquitetura vascular anormal desempenha um papel importante no efeito EPR no tumor para o direcionamento seletivo de fármacos macromoleculares ao nível dos tecidos, que pode ser resumido da seguinte forma e ilustrado na fig. 6

(1) Angiogénese extensa e hiper vasculatura

(2) Ausência de camada de músculo liso, pericitos

(3) Arquitetura vascular defeituosa: fenestrações

(4) Sem fluxo e direção sanguíneos constantes

(5) Drenagem linfática ineficaz que leva a uma maior retenção no interstício dos tumores

(6) Retorno venoso lento que leva à acumulação a partir do interstício do tumor

As alterações fisiológicas do fluxo sanguíneo no interior dos tumores e as propriedades intra-esportivas dos vasos tumorais são consequências destas anomalias vasculares. Em 1987, Jain colocou a hipótese de que a pressão osmótica nos tumores deve ser elevada. Esta pressão elevada do fluido intersticial tumoral (IFP) poderia constituir uma barreira para a administração eficaz de medicamentos anticancerígenos[52] . Atualmente, sabe-se que a IFP da maioria dos tumores sólidos está aumentada. Muitos fármacos anticancerígenos - em especial compostos de elevado peso molecular - são transportados do sistema circulatório através do espaço intersticial por convecção e não por difusão. O aumento do IFP contribui para uma diminuição do transporte trans capilar nos tumores, o que leva a uma diminuição da absorção dos fármacos pelo tumor. Além disso, o IFP tende a ser mais elevado no centro dos tumores sólidos, diminuindo em direção à periferia, criando um movimento de fluxo de massa de fluido para longe da região central do tumor. Para garantir que todo o tumor recebe um fornecimento adequado de fármaco, as moléculas de fármaco ou os nanoportadores carregados de fármaco devem migrar através do espaço intersticial do tumor a partir de um local de entrada para células remotas. Este processo é dificultado por um IFP elevado. Devido ao seu maior tamanho, o transporte de nanotransportadores de fármacos é menos afetado por esta IFP elevada nos tumores. Além disso, a pressão da microvasculatura nos tumores é também uma a duas ordens de grandeza mais elevada do que nos tecidos normais. Este facto facilita o extravasamento de nanotransportadores que, de outro modo, poderia ter sido impedido por uma IFP elevada. Muitos tipos de nanoportadores ultrapassam com êxito estas barreiras e acumulam-se seletivamente nos tumores[53-54] .

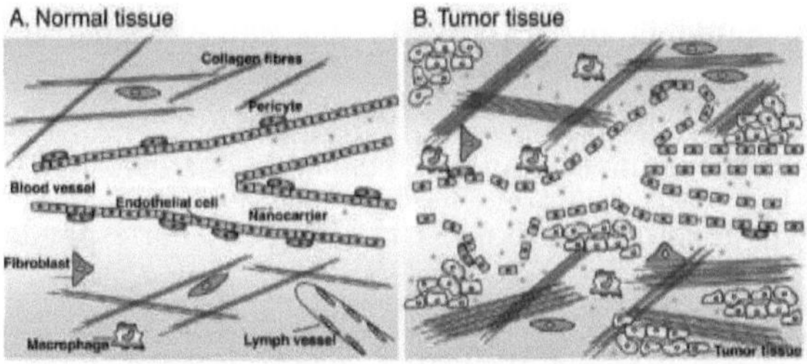

Fig. 6 Diferenças entre tecidos normais e tumorais que explicam o direcionamento passivo dos nanoportadores através do efeito de permeabilidade e retenção melhoradas. A. Os tecidos normais contêm vasos sanguíneos lineares mantidos por pericitos. Fibras de colagénio, fibroblastos e macrófagos

Potenciais utilizações da nanotecnologia no tratamento das complicações da diabetes

A nanotecnologia pode ser definida como um domínio da tecnologia que investiga e manipula a matéria à escala molecular, entre 1 e 100 nm. Um nanómetro corresponde a um bilionésimo (109) de um metro. As nanopartículas têm frequentemente propriedades físicas diferentes das dos mesmos elementos quando estão a granel, podendo também atingir espaços e estruturas muito mais pequenos que outras substâncias maiores não conseguem. Este facto torna-as muito úteis, pois podem realizar tarefas que os materiais maiores não conseguem.[55] Há muitas utilizações da nanotecnologia na medicina. A nanotecnologia pode ser potencialmente utilizada na administração de medicamentos, em que as nanopartículas são utilizadas para transportar medicamentos para células específicas e para evitar que os medicamentos sejam danificados por pH extremos (por exemplo, o pH baixo do estômago). Além disso, as nanopartículas impedem que o fármaco danifique quaisquer tecidos ou órgãos a caminho das células-alvo. [56]

A nanotecnologia pode também ser utilizada em técnicas de diagnóstico e de imagiologia, por exemplo, para detetar células cancerígenas. Os cientistas da Universidade Jiaotong de Xangai ligaram nanopartículas de ouro a anticorpos específicos para biomarcadores de diferentes células cancerígenas. Estas nanopartículas de ouro podem ser facilmente detectadas, o que torna este método de deteção altamente sensível. [57] As potenciais técnicas terapêuticas que utilizam a nanotecnologia incluem a utilização de nanopartículas de dióxido de titânio, ligadas covalentemente a anticorpos específicos das células tumorais cerebrais, para destruir o tumor cerebral. Estas partículas covalentemente ligadas obtêm a sua energia da luz para produzir espécies reactivas de oxigénio, que têm um efeito citotóxico, danificando a membrana celular das células tumorais. Um problema com esta técnica é que o tumor cerebral não pode ser exposto diretamente à luz, pelo que continua a ser necessária uma cirurgia. No entanto, este método é menos invasivo do que o tratamento cirúrgico atual e os tumores cerebrais são muitas vezes inacessíveis para os cirurgiões, pelo que este método pode atingir tumores profundos no cérebro e, uma vez que o anticorpo é específico para determinadas células tumorais, não danificará qualquer tecido saudável no caminho para o tumor. [58] A nanotecnologia poderá ser potencialmente utilizada na substituição de células, em que os nanotubos de óxido de titânio poderão ser utilizados como suporte de cartilagem artificial, cultivada a partir de condrócitos in vitro. O objetivo é utilizar o suporte para ligar a cartilagem ao osso, restaurando o tecido ao seu ambiente normal de funcionamento. [59] A nanotecnologia pode também ser utilizada em técnicas antimicrobianas. As nanopartículas de prata cristalina podem ser utilizadas em pensos para feridas, actuando como uma barreira física contra micróbios como o MRSA. Uma vez que o MRSA é uma estirpe de bactéria resistente à meticilina, a utilização da nanotecnologia evitaria este problema[60] A nanotecnologia é suscetível de influenciar a forma como todas as doenças são diagnosticadas e tratadas. No entanto, neste documento, optei por me concentrar nas utilizações da nanotecnologia no tratamento de complicações diabéticas causadas por danos nos vasos sanguíneos. Estas complicações são a neuropatia diabética, as doenças cardíacas e os acidentes vasculares cerebrais. Estas complicações são graves e representam um problema crescente para o SNS e para os doentes afectados. O tratamento proposto demonstrará algumas das diferentes utilizações da nanotecnologia.[61] . Estima-se que o número de pessoas afectadas por esta doença venha a aumentar ainda mais, sendo que em 2025 mais de 4 milhões de pessoas terão diabetes. O número de novos diagnósticos é equivalente a 400 pessoas por dia. [62]

Diabetes mellitus e avanços recentes

A homeostase da glicose, um equilíbrio entre a produção e a utilização da glicose, é regulada principalmente pelas células β dos ilhéus pancreáticos, que segregam insulina, e pelas células α, que segregam glucagon. A produção de glicose ocorre predominantemente no fígado, enquanto a utilização da glicose ocorre nos músculos e tecido adiposo, no cérebro e nos rins; glóbulos vermelhos[63-64] A diabetes mellitus é um grupo de perturbações metabólicas em que uma pessoa tem um nível elevado de açúcar no sangue, quer porque o organismo não produz insulina suficiente, quer porque as células não respondem à insulina que é produzida. A diabetes mellitus afecta a maioria das pessoas, tanto nos países desenvolvidos como nos países em desenvolvimento. Normalmente, esta doença pode ser controlada através de uma dieta, exercício físico, medicamentos hipoglicemiantes orais e terapêutica com insulina. A dieta mais frequentemente recomendada é rica em fibra alimentar, especialmente fibra solúvel, mas pobre em gordura. estão na matriz extracelular. Os vasos linfáticos estão presentes. B. Os tecidos tumorais contêm vasos sanguíneos defeituosos com muitas formações semelhantes a sacos e fenestrações. A matriz extracelular contém mais fibras de colagénio, fibroblastos e macrófagos do que no tecido normal.

A nanotecnologia **e as suas utilizações no tratamento da diabetes** A nanotecnologia é o estudo e a manipulação da matéria a nível atómico e molecular, podendo trabalhar com tamanhos entre 1 e 100 nano metros (1 nm = 10^{-9} m). Embora os conceitos de nanotecnologia estivessem a ser explorados desde o início da década de 60, a nanotecnologia propriamente dita só começou no início da década de 80, com o início da ciência dos agregados e a invenção do microscópio de túnel de varrimento (STM), que permitiu aos cientistas um método viável de exploração do mundo dos átomos e das moléculas. Alguns anos mais tarde, a descoberta dos fulerenos (por exemplo, buckminsterfullerene ou C60) e dos nanotubos de carbono permitiu aos investigadores levar a nanotecnologia mais longe e começar a conceber os seus próprios dispositivos para fins diversos. Em 2000, os EUA fundaram a Iniciativa Nacional para a Nanotecnologia, a fim de coordenar melhor a investigação e o desenvolvimento a nível federal. A nanomedicina é a aplicação da nanotecnologia na medicina.

A abordagem da nanomedicina revolucionou o tratamento do cancro e das doenças vasculares

A nanomedicina é a aplicação da nanotecnologia na monitorização, diagnóstico, prevenção, reparação ou cura de doenças e tecidos danificados em sistemas biológicos. O termo foi mencionado pela primeira vez no livro Un bounding the Future: The Nanotechnology Revolution em 1991[65] . Durante os últimos 20 anos, com o avanço do conhecimento do genoma humano, a compreensão pormenorizada das doenças a nível molecular e o desenvolvimento de tecnologias sofisticadas para a manipulação e análise da matéria à escala nanométrica, a nanomedicina registou um crescimento explosivo nos Estados Unidos e em todo o mundo.[66] Prevê-se que a abordagem da nanomedicina permita, num futuro próximo, o estabelecimento de uma "medicina personalizada" específica para cada doente. As duas principais áreas de doença que sofreram um refinamento radical nas abordagens de tratamento através de estratégias de nanomedicina são o cancro e as patologias vasculares.A aplicação da nanotecnologia no fabrico de dispositivos relevantes para as doenças vasculares (por exemplo, enxertos vasculares de pequeno diâmetro e concepções aperfeiçoadas de stents, etc.) baseia-se em mecanismos de doença, pelo que, antes de descrever as estratégias, é útil resumir os mecanismos celulares e moleculares das doenças vasculares. Mecanismos moleculares e celulares das doenças vasculares As doenças vasculares envolvem qualquer condição que afecte o sistema circulatório, por exemplo, arteriosclerose (endurecimento geral das artérias); aterosclerose (endurecimento arterial associado à placa); bloqueio trombótico, estenose e isquemia nas artérias coronárias, carótidas, renais e outras artérias periféricas; aneurismas; coágulos sanguíneos venosos e varizes; desregulação da hemostase. Muitas destas doenças têm fenómenos moleculares e celulares que se sobrepõem espácio-temporalmente, embora os nomes clínicos, os parâmetros e as localizações das doenças possam variar. utiliza a aterosclerose como modelo da doença vascular mais prevalente para descrever a maioria dos fenómenos moleculares e celulares em que as estratégias de nanomedicina têm sido orientadas. As complicações a jusante desta doença conduzem frequentemente à trombose e à estenose dos vasos sanguíneos, envolvendo maioritariamente os mesmos processos bimoleculares e celulares que medeiam qualquer evento de formação de trombos e coagulação. Assim, a utilização da aterosclerose para descrever os mecanismos moleculares e celulares das doenças vasculares mais visadas pelas estratégias de nanomedicina é uma justificação válida... A abordagem da "nanomedicina" que consiste em construir uma plataforma de NP biocompatível (e, nalguns casos, biodegradável), carregar a partícula com fármacos ou sondas de imagiologia, modificar a superfície da partícula com revestimentos que conferem estabilidade estérica in vivo e tempo de circulação prolongado (por exemplo, com PEG) e modificar ainda mais a superfície da partícula com ligandos para a orientação específica de componentes celulares e moleculares da doença, tem sido amplamente investigada com uma grande variedade de partículas, revestimentos e cargas úteis, com resultados promissores. Os aperfeiçoamentos actuais e futuros destas estratégias visam aperfeiçoar a própria conceção das NP e também a integração de agentes terapêuticos e de diagnóstico numa única partícula. A abordagem "teranóstica" facilita o diagnóstico e a terapia simultâneos, a terapia guiada por imagens ou a avaliação pós-terapêutica assistida por imagens da eficácia do tratamento.Estas abordagens contribuirão significativamente para uma "medicina personalizada" baseada na nanotecnologia. Os aspectos estruturais e funcionais críticos das próprias construções de NP, bem como a relevância espácio-temporal dos alvos vasculares pretendidos, são importantes na conceção racional da nanomedicina vascular e na sua tradução clínica. No caso das construções particuladas, a novidade e a complexidade composicional e funcional não devem comprometer a facilidade de manuseamento, armazenamento e aumento de escala do produto, tanto do ponto de vista do custo como da qualidade do material. Caso contrário, os resultados altamente promissores e interessantes que esses constructos podem demonstrar à escala laboratorial in vitro ou num modelo pré-clínico in vivo em pequenos animais podem tornar-se bastante difíceis de traduzir \ para uma utilização clínica efectiva em doentes humanos. Por outro lado, a ênfase na simplicidade do desenvolvimento do constructo não deve fazer com que o produto se torne funcionalmente subóptimo. A análise detalhada e a otimização dos parâmetros de conceção, os seus atributos funcionais e o correspondente custo do processo "translacional" devem ser cuidadosamente considerados no avanço das estratégias de nanomedicina vascular

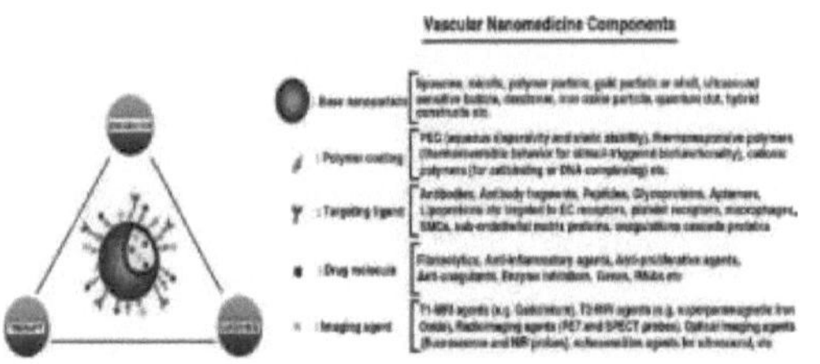

Fig.7 Abordagem multifuncional teranóstica em nanomedicina vascular, uma combinação de focalização ativa, avaliação/diagnóstico assistido por imagem e terapia guiada por imagem; uma plataforma de nanomedicina teranóstica integrará múltiplos componentes de um agente "terapêutico" (por exemplo, um fármaco trombolítico) e um agente "de diagnóstico" (por exemplo, um agente de contraste para RMN) numa única plataforma de nanovículos. O nanoveículo de base pode ser revestido com polímeros (p. ex., PEG) que aumentam a estabilidade estérica in vivo e a semi-vida em circulação, e os agentes terapêuticos e de diagnóstico podem ser encapsulados no veículo ou conjugados com o superfície do veículo de forma covalente ou através de associação física e eletrostática; a superfície do veículo pode ainda ser modificada por ligandos activos específicos para componentes celulares/moleculares da doença.

Estratégias de nanopartículas orientadas para as doenças vasculares Na terapia vascular, a administração oral, parentérica ou intra-arterial direta dos fármacos mostrou apenas benefícios limitados devido à curta semi-vida plasmática dos fármacos, à rápida eliminação do fármaco do local-alvo e a efeitos secundários sistémicos indesejáveis.[67-]

[68] Por exemplo, no contexto da rápida dissolução do coágulo de vasos ocluídos por trombos, os anticoagulantes administrados por via oral ou intravenosa (por exemplo, heparina) revelaram efeitos secundários graves de coagulopatia sistémica e hemorragia. Os fármacos fibrinolíticos, como várias quinases (por exemplo, estreptoquinase) e o ativador do plasminogénio tecidular (tPA), quando administrados diretamente por via intravenosa ou intra-arterial, sofreram uma rápida desativação plasmática e também não conseguiram manter-se em níveis terapêuticos eficazes durante períodos de tempo razoáveis no local alvo do coágulo devido à circulação sistémica contínua no ambiente hemodinâmico. A distribuição sistémica destes fármacos também resultou em efeitos secundários patogénicos indesejáveis para o coágulo. Para resolver estes problemas, a investigação tem-se concentrado consideravelmente na administração local de fármacos para aumentar o índice terapêutico e o tempo de permanência. Para o efeito, foi realizada uma investigação significativa sobre dispositivos de implante de libertação sustentada de fármacos na adventícia, infusão local trans-cateter e métodos de revestimento de libertação sustentada, bem como stents eluidores de fármacos (DES).[69-70] Numa estratégia paralela de administração selectiva no local, vários agentes terapêuticos e de diagnóstico foram diretamente conjugados com ligandos e anticorpos que visam e ligam componentes celulares/moleculares da doença vascular.[71] As técnicas de engenharia genética resultaram também no desenvolvimento de certos fármacos que têm uma maior afinidade para moléculas associadas ao local do coágulo do que para moléculas semelhantes na circulação sistémica; um exemplo proeminente é o tPA recombinante que tem maior afinidade para a fibrina associada ao coágulo do que para a fibrina sistémica. Estas estratégias melhoraram, de facto, a eficácia terapêutica em comparação com a farmacoterapia convencional, mas, em muitos casos, continuam a ser insuficientes no que diz respeito à manutenção de uma concentração óptima do fármaco e de um desempenho sustentado.

Tendências emergentes na administração de insulina: Via bucal

A diabetes mellitus (DM) é um distúrbio do metabolismo alterado da glicose caracterizado por hiperglicemia crónica com perturbações do metabolismo dos hidratos de carbono, das gorduras e das proteínas. É uma das patologias endócrinas mais prevalentes que afecta uma grande percentagem da população em todo o mundo e assumiu proporções epidémicas. No ano 2000, existiam cerca de 171,2 milhões de doentes diabéticos no mundo e este número pode aumentar para 366,2 milhões no ano 2030. [72]

A insulina é uma hormona segregada pelas células β dos ilhéus de Langerhans e é responsável pelo controlo, transporte, utilização e armazenamento da glicose no organismo. [73]

O principal mediador da secreção de insulina é a concentração plasmática de glucose. Em indivíduos normais, uma subida do nível de glicose no sangue desencadeia a secreção de insulina pelas células β do pâncreas para a O principal mediador da secreção de insulina é a concentração plasmática de glicose. Em indivíduos normais, um aumento do nível de glucose no sangue faz com que as células β do pâncreas segreguem insulina para a corrente sanguínea. A insulina actua então ligando-se aos seus receptores nas superfícies celulares periféricas e também a receptores principalmente no fígado, músculo e tecido adiposo, sinalizando assim as células para aumentarem a captação de glicose. Quando o nível de glucose no sangue regressa ao normal, o nível de insulina no sangue diminui. A secreção de insulina é, portanto, um processo cuidadosamente regulado, que se destina a manter níveis saudáveis de glicose no sangue durante os períodos de baixa e alta ingestão de alimentos.

A insulina intravenosa (IV), com a sua rapidez de ação, perfil de segurança e efeitos previsíveis de redução da glicose, continua a ser, até à data, o meio mais eficaz de controlar os níveis de glicose no sangue em doentes hospitalizados com diabetes tipo I ou tipo II. Os doentes medicados com insulina intravenosa têm de mudar para insulina subcutânea (SC) antes da alta. A injeção subcutânea, o método tradicional e padrão de administração de insulina, deposita o reservatório de insulina sob a pele do doente. A insulina injectada num depósito subcutâneo infiltra-se na circulação geral. No entanto, isto expõe todos os tecidos à insulina durante um período de tempo prolongado, levando assim ao desenvolvimento de complicações metabólicas e cardiovasculares que se podem manifestar como parte das complicações diabéticas.

Nanotecnologias para a doença de Alzheimer: diagnóstico, terapia e questões de segurança.

A doença de Alzheimer (DA) é uma doença neurodegenerativa devastadora e a forma mais comum de demência entre as pessoas com mais de 65 anos de idade. Esta condição neuropatológica é caracterizada por uma perda progressiva da função cognitiva e apresenta duas marcas fisiopatológicas estabelecidas no cérebro. Estas incluem acumulações extracelulares compostas principalmente por péptido mieloide-β (Aβ) (também designadas por placas senis) e emaranhados intracelulares neuro febris de proteína τ hiperfosforilada.[74] Atualmente, milhões de pessoas são afectadas por esta neuropatologia, o que representa um pesado encargo económico e social. Prevê-se que, nas próximas décadas, a doença de Alzheimer venha a exercer um enorme impacto social e económico se não forem disponibilizadas abordagens terapêuticas e/ou de diagnóstico precoce eficazes. Além disso, tendo em conta o aumento do envelhecimento da população e da sobrevivência, o impacto da doença de Alzheimer nos sistemas de saúde será ainda mais acentuado. Por conseguinte, as estratégias para a deteção precoce e o tratamento da doença de Alzheimer contam-se entre as áreas mais desafiantes e oportunas da medicina moderna. A barreira hemato-encefálica (BHE) é um formidável guardião do organismo em relação a substâncias exógenas que mantém a composição química do "meio" neuronal para o correto funcionamento dos circuitos neuronais e da transmissão sináptica. Esta barreira é formada ao nível das células endoteliais dos capilares cerebrais e constitui essencialmente a principal interface entre o sangue e o cérebro. O fator mais importante que limita o desenvolvimento de novos medicamentos e produtos biológicos para o sistema nervoso central (SNC) é a BHE. Em geral, os fármacos, incluindo a maioria das pequenas moléculas, não atravessam a BHE.[75] Durante a última década, numerosas tentativas centraram-se neste problema fundamental, concebendo diferentes estratégias que ajudam os fármacos a atravessar a BHE. Entre estas, as estratégias baseadas na nanotecnologia ganharam uma enorme importância, uma vez que algumas delas são capazes de ultrapassar as limitações inerentes à passagem da BHE. Estas incluem vários tipos de lipoides, polímeros, inorgânicos e outros tipos de nanopartículas (NPs) para a administração e libertação controladas de fármacos em várias condições do SNC.[76-78]

Nanotecnologias baseadas na imagiologia para o diagnóstico da doença de Alzheimer

O diagnóstico precoce da doença de Alzheimer (ou seja, antes de se manifestarem os sintomas clínicos) é crucial para evitar danos neuronais irreversíveis que conduzem à demência. Dado que o exame do cérebro humano vivo é limitado e invasivo, o desenvolvimento de estratégias para detetar a DA nas suas fases iniciais é, por conseguinte, essencial. Uma vez que é comummente aceite pela comunidade científica que a formação de placas senis precede a degenerescência neurológica, a maioria dos esforços concentra-se na deteção e identificação de placas miloides por ressonância magnética (RM) utilizando NPs dopadas com agentes de contraste ou, em alternativa, NPs marcadas com sondas fluorescentes

Nanotecnologias para o tratamento da doença de Alzheimer

Entrega de moléculas bioactivas ao cérebro Uma BHE saudável é um grande obstáculo ao desenvolvimento de pequenas e grandes moléculas neuroterapêuticas (por exemplo, péptidos recombinantes, fragmentos de Ab, oligonucleótidos anti-sentido, vectores virais).[79] Além disso, a BHE também afecta negativamente a eficácia e a tolerância dos medicamentos, uma vez que são necessárias grandes doses de medicamentos para atingir níveis superiores à concentração mínima eficaz no cérebro. Os sistemas de nanopartículas oferecem uma oportunidade para ultrapassar estes problemas e podem ser utilizados como "sistemas de Troia" para transportar moléculas activas através da BHE, reduzindo assim a toxicidade e melhorando a eficácia terapêutica.

Diabetes mellitus e avanços recentes

A homeostase da glicose, um equilíbrio entre a produção e a utilização da glicose, é regulada principalmente pelas células β dos ilhéus pancreáticos, que segregam insulina, e pelas células α, que segregam glucagon. A produção de glucose ocorre predominantemente no fígado, enquanto a utilização da glucose ocorre nos músculos e tecido adiposo, no cérebro, nos rins, nos glóbulos vermelhos, etc. [80-81] A diabetes mellitus é um grupo de perturbações metabólicas em que uma pessoa tem um nível elevado de açúcar no sangue, quer porque o organismo não produz insulina suficiente, quer porque as células não respondem à insulina que é produzida. A diabetes mellitus afecta a maioria das pessoas, tanto nos países desenvolvidos como nos países em desenvolvimento. Normalmente, pode ser controlada com uma dieta, exercício físico, medicamentos hipoglicemiantes orais e terapia com insulina. A dieta mais frequentemente recomendada é rica em fibras alimentares, especialmente fibras solúveis, mas pobre em gordura.

O domínio da nanotecnologia tem registado um enorme desenvolvimento na última década. A nanotecnologia é a capacidade de trabalhar aos níveis atómico, molecular e supramolecular (numa escala de ~1-100nm) a fim de compreender, criar e utilizar estruturas materiais, dispositivos e sistemas com propriedades e funções fundamentalmente novas resultantes da sua pequena estrutura.[82] Para além dos desenvolvimentos em disciplinas científicas como a eletrónica, a ciência dos materiais, a investigação espacial e a robótica, espera-se que a nanotecnologia faça avanços significativos nas principais aplicações biomédicas, incluindo as áreas da terapia genética, imagiologia e descoberta de novos fármacos e administração de medicamentos no tratamento de doenças como a diabetes, o cancro, etc. Existem algumas limitações na utilização dos sistemas convencionais de administração de medicamentos. A falta de especificidade do alvo, os efeitos alterados e a diminuição da potência devido ao metabolismo do fármaco no organismo, a citotoxicidade de certos agentes farmacológicos anticancerígenos, são apenas alguns exemplos. As nanopartículas biocompatíveis com propriedades físicas, químicas e biológicas optimizadas podem ultrapassar estas limitações e servir como sistemas eficazes de administração de fármacos. Estas novas gerações de sistemas de administração de fármacos apresentam vantagens significativas em relação aos sistemas de administração de fármacos convencionais. Este manuscrito discute a necessidade de sistemas de administração de fármacos em nano partículas, as suas vantagens, limitações e avanços recentes na aplicação destes sistemas de administração de fármacos no tratamento da diabetes.

A diabetes mellitus, frequentemente designada simplesmente por diabetes, uma doença progressiva ao longo da vida, é uma perturbação metabólica crónica devida a uma deficiência relativa da secreção de insulina e a vários graus de resistência à insulina, sendo caracterizada por uma elevada taxa de glicose em circulação[83] . Atualmente, atingiu uma proporção epidémica entre os problemas de saúde mais difíceis e não resolvidos do século XXI. Em todo o mundo, cerca de 230 milhões de pessoas foram afectadas pela diabetes e prevê-se que o número atinja cerca de 366 milhões em 2030[84] . O desequilíbrio no metabolismo oxidativo normal do organismo devido a níveis excessivos de oxigénio molecular ou de espécies reactivas de oxigénio (ROS) conduz a níveis elevados de glicose no sangue (hiperglicemia)[85] resulta em perturbações metabólicas (stress oxidativo) e complicações crónicas na diabetes[86] . A gestão das condições diabéticas através da terapia com insulina tem vários inconvenientes, como a resistência à insulina e, no tratamento crónico, causa anaerobia nervosa, atrofia cerebral e fígado gordo. A nanotecnologia pode ser definida como a ciência e a engenharia envolvidas na conceção, síntese, caraterização e aplicação de materiais e dispositivos cuja organização funcional mais pequena, em pelo menos uma dimensão, se situa na escala nanométrica (um bilionésimo de metro)[87-88] . Quando esta ciência é aplicada especificamente aos problemas da medicina, é designada por "nanomedicina"[89-90] . As limitações da escala da nanomedicina excluem, na extremidade inferior, os átomos (0,1 nm) e, na extremidade superior, entidades biológicas como as bactérias (1000-10000 nm) e as células do corpo (por exemplo, glóbulos brancos, 10000 nm).O corpo humano configurou muitos dos seus componentes biológicos como nanoestruturas, incluindo proteínas, mitocôndrias, canais iónicos, membranas, grânulos de secreção, lisossomas, etc., mas estão atualmente a ser fabricados muitos novos nanomateriais e estruturas que podem ser utilizados em medicina, como nanopartículas, cápsulas, películas e tubos, e moléculas complexas (por exemplo, fulerenos)[91] . A nanomedicina pode ser classificada em a) Medição (ou "nanometrologia"), que diz respeito à medição de quantidades muito pequenas de analitos (por exemplo, micrómetro físico) ou à utilização de dispositivos de medição de dimensões muito pequenas (por exemplo, pontos quânticos). (b) Terapia, dado que todas as manipulações e construções de materiais ao nível nanométrico dizem respeito, em última análise, a terapias (por exemplo, nano-pâncreas artificial)[92] .

Os principais problemas da auto-monitorização convencional da glicemia capilar por picada no dedo são amplamente aceites[93] . É dolorosa (o que leva ao incumprimento) e não pode ser realizada quando o doente está a dormir ou a conduzir um veículo motorizado (alturas em que o doente é especialmente vulnerável à hipoglicemia) e, como é intermitente, pode não detetar flutuações perigosas nas concentrações de glicose no sangue entre testes. Atualmente, estão disponíveis no mercado vários eléctrodos enzimáticos do tipo agulha implantados ou sondas de microdiálise para a monitorização contínua da glicose, mas estes apresentam respostas limitadas e desvios de sinal imprevisíveis in vivo, além de necessitarem de calibração em relação aos testes de glicose capilar, o que contribui para as imprecisões do sensor[94-95] . A inserção repetida da sonda do sensor é também semi-invasiva. Este problema convencional foi resolvido com a aplicação da nanotecnologia na medicina

Nanotecnologia para doenças neurodegenerativas

As doenças neurodegenerativas (DN) são caracterizadas pela perda progressiva da estrutura ou da função dos neurónios, frequentemente associada à morte neuronal. A doença de Alzheimer (DA), a doença de Parkinson (DP), a doença do prião (PrD) e a esclerose lateral amiotrófica (ELA) são apenas alguns exemplos. Várias doenças neurodegenerativas têm sido objeto de investigação aprofundada mas, apesar dos muitos progressos, o sucesso do diagnóstico precoce e das estratégias de tratamento é ainda limitado. Um dos principais obstáculos é a presença da barreira hemato-encefálica (BBB), que impede a penetração da maioria dos fármacos e agentes imagiológicos, causando efeitos secundários periféricos. As possibilidades actuais de imagiologia e terapia de doenças que afectam o cérebro dependem frequentemente de lesões vasculares e de fugas da BHE[97] . A nanotecnologia, que utiliza materiais ou dispositivos artificiais numa escala entre 1 e 100 bilionésimos de metro (1-100 nm), representa uma abordagem inovadora e promissora[98] . Atualmente, estão disponíveis vários tipos de nanomateriais (nanofibras, nanotubos, nanopartículas e nanogéis) para utilização biomédica, com diferentes características físico-químicas e aplicações. O que torna os nanomateriais artificiais atractivos, em particular no domínio biomédico, é a sua versatilidade. De facto, as suas propriedades físicas podem ser exploradas para diagnóstico e/ou terapia e também para engenharia e regeneração de tecidos, enquanto a funcionalização química lhes pode conferir especificidade de alvo. Em particular, os MN podem atravessar a própria BHE[99] ou podem ser funcionalizados para melhorar a entrada de fármacos e/ou agentes de contraste no cérebro. Além disso, os NM apresentam características positivas adicionais, como a elevada estabilidade química e biológica, a possibilidade de incorporar moléculas hidrofílicas e hidrofóbicas e a possibilidade de serem administrados por uma variedade de vias (incluindo oral, inalatória e parentérica). Esta revisão centra-se no estado da arte das actuais aplicações de NM na terapia e diagnóstico das doenças neurodegenerativas mais comuns, destacando as futuras abordagens nanotecnológicas.

Nanotecnologia para atravessar a BBB

A BHE é uma barreira física e biológica dinâmica entre a circulação sanguínea e o sistema nervoso central (SNC) (Fig. 3). A complexidade funcional da BHE é atribuída principalmente às células endoteliais dos capilares cerebrais, que restringem a passagem transcelular, e às intrincadas junções apertadas e aderentes entre as células, que restringem o fluxo paracelular[99] . Foram tentadas diferentes abordagens para ultrapassar a BHE, desde técnicas invasivas a modificações químicas de fármacos e técnicas in silico para conceber moléculas com maior permeabilidade[100] . Foi também utilizada a estratégia do "cavalo de Troia", em que uma substância que não atravessa a BHE é associada a uma que a atravessa. Além disso, procuraram-se vias alternativas para contornar a BHE (por exemplo, intranasal, através do bulbo olfativo)[101] . No entanto, estas abordagens não forneceram informações conclusivas. Atualmente, as estratégias mais promissoras são as baseadas em NM concebidos para interagir com as células da BHE a nível molecular, explorando os mecanismos fisiológicos de transporte existentes, sem interferir com a função normal da própria barreira. A trans-citose mediada por receptores e adsorventes são os mecanismos mais encorajadores para facilitar o transporte transcelular de MN do sangue para o cérebro[102] . Para realizar esta tarefa, é necessário ter em conta muitas questões. Os MN devem ter, no mínimo, uma funcionalização de superfície para se orientarem e atravessarem a BHE[103] e uma semi-vida prolongada no sangue, evitando o sistema retículo-endotelial (MN "furtivos"). Por último, a NM deve ser não tóxica, biodegradável e biocompatível, não inflamatória e não imunogénica

Nanotecnologia para a DA

A doença de Alzheimer é uma doença neurodegenerativa progressiva caracterizada por disfunção cognitiva e da memória que afecta atualmente mais de 24 milhões de pessoas em todo o mundo. As características neuropatológicas da DA são os emaranhados neurofibrilares constituídos por filamentos helicoidais emparelhados intraneuronais de proteína tau hiperfosforilada e placas extracelulares compostas por péptido β-amiloide (Aβ), um fragmento de 39-43 aminoácidos da APP (Proteína Precursora Amiloide). Os pequenos agregados de Aβ (ADDLs, ligandos difusíveis derivados da amiloide-β) são atualmente considerados os principais responsáveis pelos danos sinápticos e pelos défices de memória na DA.

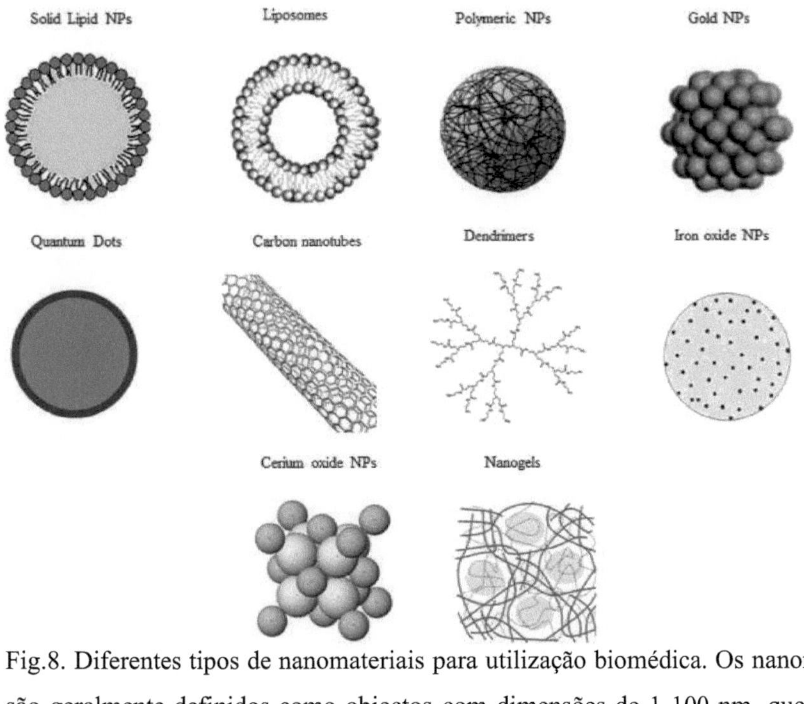

Fig.8. Diferentes tipos de nanomateriais para utilização biomédica. Os nanomateriais são geralmente definidos como objectos com dimensões de 1-100 nm, que incluem nanogéis, nanofibras, nanotubos e nanopartículas (NP).

Nesta banda desenhada está representada a morfologia dos mais utilizados para a terapia e diagnóstico da ND.

Nanotecnologia para a doença de Parkinson

A DP é uma doença neurológica progressiva que afecta 1-2% da população com mais de 65 anos, marcada pela perda de neurónios dopaminérgicos na substância negra, causando dificuldades no controlo dos movimentos. A marca patológica no cérebro dos doentes com DP são as inclusões citoplasmáticas denominadas corpos de Lewy, compostas por filamentos de 50-700 nm de comprimento da proteína α-sinucleína. Pensa-se que muitos mecanismos celulares estão envolvidos na morte neuronal na DP, tais como o stress do sistema ER, a disfunção proteasomal e mitocondrial

Nanotecnologia para a doença do prião

As PrD são uma família de doenças neurodegenerativas transmissíveis resultantes da acumulação de uma isoforma mal dobrada da proteína do prião (PrP). A doença de Creutzfeldt-Jakob, a primeira doença de priões identificada no homem, ocorre esporadicamente com uma frequência de cerca de um caso por milhão de indivíduos/ano. A PrP existe na isoforma celular "saudável" (PrPC), com duas grandes estruturas em alfa-hélice, e na isoforma patogénica, resistente às proteases (PrPSc), predominantemente em folha β, que pode formar agregados amilóides tóxicos. Uma vez gerada uma isoforma patogénica, a PrPC é convertida em PrPSc *através da* interação proteína-proteína[104] .

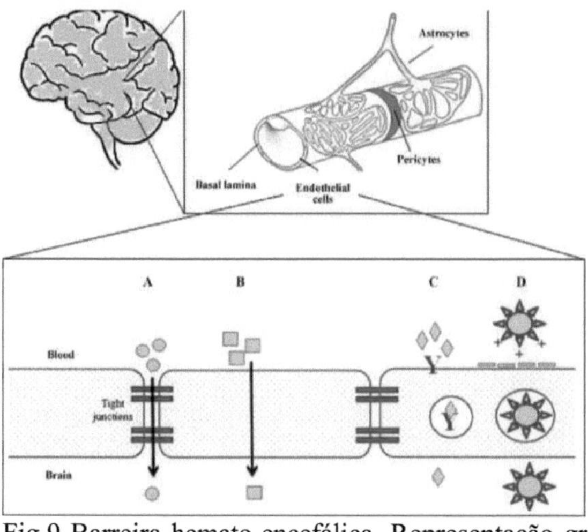

Fig.9 Barreira hemato-encefálica. Representação gráfica das células endoteliais que formam a barreira hemato-encefálica (BHE) e das suas associações com os pericitos e os processos terminais astrocitários dos capilares cerebrais. São apresentadas as principais vias de tráfego molecular através da BHE: (A) passagem aquosa paracelular; (B) via lipofílica transcelular; (C) trans-citose mediada por receptores; (D) trans-citose mediada por adsorção...

Nanotecnologia para a neuroprotecção e a regeneração dos tecidos neuronais

Neuroprotecção As lesões do SNC são frequentemente acompanhadas por um aumento do nível de espécies reactivas de oxigénio. Os fulerenos foram sugeridos como "esponjas" radicais capazes de incorporar múltiplos radicais por molécula, graças a um sistema de ligações duplas π deslocalizadas, e capazes de remover radicais superóxidos através de um mecanismo catalítico de dismutação[105] . Um estudo[106] demonstrou a capacidade de um derivado do ácido tris-malónico da molécula de fulereno C60 (C3) para aumentar em 300% o tempo de vida de ratinhos que carecem de superóxido dismutase mitocondrial. Outra classe de compostos propostos como agentes oprotectores dos neurónios são as NP de óxido de cério (nanoceria). Experiências in vitro em neurónios isolados da medula espinal de ratos mostraram que as nanocerias protegem as células da morte devida ao stress oxidativo, graças às suas propriedades antioxidantes.

Administração de medicamentos à nanoescala para tratar problemas do sistema nervoso

A nanotecnologia é o ramo da ciência que lida com moléculas de dimensão nanométrica, ou seja, com 10 a 9 vezes o metro[107] . Nas últimas décadas, os seus benefícios estão a ser utilizados para melhorar a civilização humana. A descoberta da nanomedicina deu origem a nanopartículas que permitem a administração de medicamentos e genes com objectivos mais específicos[108] . A nanotecnologia permite-nos administrar medicamentos sob a forma de dendrímeros, lipossomas, nano-cascas, emulsões, nanotubos, pontos quânticos, etc., para a manipulação de várias doenças e das suas vias metabólicas[109] . É de grande importância no tratamento e diagnóstico do cancro. Alguns avanços recentes na forma de administração de medicamentos são uma terapia-alvo eficaz utilizada na técnica de diagnóstico e pré-simpaticomimética[110] .

Nanomedicina para a saúde

À nanoescala, os materiais têm novas propriedades, como maior resistência, resiliência, condutividade eléctrica[111-112]. Um dos exemplos mais comuns de nanodispositivo é o iPod Nano, que utiliza chips de memória microscópicos para aumentar a capacidade de armazenamento. Outros exemplos da nossa vida quotidiana incluem a utilização de nanopartículas em loções que facilitam a absorção[113]. Uma publicação intitulada "Nanomedicine: Nanotechnology for Health" dá-nos uma excelente panorâmica dos produtos relacionados com a saúde[114]. As nanopartículas de prata podem ser utilizadas na eliminação de fungos e na prevenção de odores em sapatos e frigoríficos. Estas nanopartículas mantêm as suas propriedades de inibição de infecções, mas ao mesmo tempo permitem uma maior penetração em moléculas orgânicas e inorgânicas[115]. É utilizada para prevenir a infeção em doentes queimados[116]. As ciências da vida, combinadas com a nanotecnologia, deram origem à nanobiotecnologia, que tem permitido conhecer os processos das doenças, identificando assim biomarcadores mais eficazes e compreendendo o mecanismo de ação dos medicamentos[117]. Um agente quimioterapêutico criado pela Abraxis é outro exemplo vivo. A biociência é utilizada para destruir as células tumorais. A quimioterapia é administrada diretamente nas células tumorais porque as partículas minúsculas penetram facilmente na membrana celular[118]. Os nanomateriais são também utilizados no tratamento de doentes com glaucoma. Muitas vacinas, como a da hepatite e a da malária, estão também a utilizar a nanotecnologia[119].

As vacinas com nanomateriais são utilizadas para produzir uma maior imunidade contra os agentes patogénicos, fornecendo medicamentos diretamente a células dendríticas especializadas do sistema imunitário[120]. O nível de glicose está a ser monitorizado com a ajuda de dispositivos de monitorização dos doentes. Biochips em miniatura detectam o aumento do nível de glucose[121]. Estas partículas também estão a ajudar os indivíduos epilépticos. Os implantes colocados no corpo humano detectam a atividade convulsiva antes de esta se manifestar e libertam medicação para prevenir o ataque[123]. Os nanomateriais estão a ser utilizados na ciência regenerativa. Ajudam a criar pele, cartilagem e osso artificiais para uso humano[124]. Muitas doenças crónicas, como a diabetes e as doenças neuro-degenerativas, estão a ser curadas com esta nanotecnologia. Nos parágrafos seguintes, algumas das aplicações são analisadas em pormenor.

Nanodispositivos

Os nano tubos de carbono de parede simples estão a ser utilizados como plataforma para investigar a ligação superfície-proteína e proteína-proteína e também para desenvolver detectores electrónicos altamente específicos de biomoléculas. O esquema combinado com a sensibilidade dos dispositivos electrónicos de nano tubos fornece sensores electrónicos altamente específicos para a deteção de biomoléculas clinicamente importantes, como anticorpos associados a doenças auto-imunes humanas.

(a) Nano-biosensores:

Os nanosensores com sondas de bio-receptores imobilizados que são selectivos para moléculas de análise alvo são designados por nano-biosensores. Estes podem ser integrados noutras tecnologias, como o lab-on-a chip, para facilitar o diagnóstico molecular. As suas aplicações incluem a deteção de microrganismos em várias amostras, a monitorização de metabolitos em fluidos corporais e a deteção de patologias dos tecidos, como o cancro. A sua portabilidade torna-os ideais para aplicações POC, mas também podem ser utilizados em ambientes laboratoriais.

(b) Biossensores de nanofios

As propriedades da superfície destes fios podem ser facilmente modificadas, pelo que podem ser decorados com praticamente qualquer unidade potencial de reconhecimento molecular químico ou biológico, tornando assim os próprios fios independentes da análise. Os nanofios de silício dopados com boro são utilizados para criar sensores eléctricos altamente sensíveis e em tempo real para espécies biológicas e químicas.

(c)Nanosensores virais

Essencialmente, as partículas de vírus são designadas por nanopartículas biológicas. O vírus Herpes Simplex (HSV) e o adenovírus foram utilizados para desencadear a montagem de nanoesferas magnéticas como nanossensores de vírus clinicamente relevantes. Utilizando um campo magnético, podem ser facilmente detectadas apenas cinco partículas virais numa amostra de soro de 10 ml.

(d) Nanosensores PEBBLE

Os nanosensores PEBBLE (Probes encapsulated by Biologically Localized Embedding) consistem em moléculas de sensores que são aprisionadas numa matriz quimicamente inerte através de um processo de polimerização em microemulsão que produz sensores esféricos com uma dimensão entre 20 e 200 nm. Estes sensores são capazes de obter imagens inter e intracelulares em tempo real de iões e moléculas e são insensíveis à interferência das proteínas.

(e) Biossensores ópticos

Muitos biossensores atualmente comercializados baseiam-se nas propriedades ópticas dos lasers para monitorizar e quantificar as interacções de biomoléculas que ocorrem em superfícies ou biochips especialmente derivados. Exemplo: Plasmon de superfície.

Conclusões e direcções futuras

As abordagens da nanomedicina são muito promissoras para revolucionar as modalidades terapêuticas e de diagnóstico no tratamento clínico das doenças vasculares. A presente revisão tentou captar de forma abrangente as várias estratégias de fabrico e formulação de nano-construções nesta área. Muitos destes relatórios ainda se baseiam em investigações in vitro ou em modelos pré-clínicos de pequenos animais in vivo. A tradução clínica bem sucedida destas abordagens só pode ser realizada através de uma otimização eficiente dos parâmetros estrutura-função do próprio veículo, das características de encapsulamento da carga útil e dos mecanismos de entrega adequados, de mecanismos adequados de orientação celular/molecular e da demonstração estatisticamente estabelecida da segurança e dos benefícios do tratamento em modelos pré-clínicos adequados.

Há ainda muitas questões a responder antes de a nanobiotecnologia ser utilizada no quotidiano em oncologia e noutros domínios da medicina. Qualquer medicamento que venha a ser utilizado em nanopartículas deve ser submetido a todos os testes, uma vez que as suas propriedades podem tornar-se muito diferentes. A questão da segurança ainda não está resolvida. Algumas nanopartículas, especialmente as que contêm metais, são consideradas tóxicas, enquanto outras, como as nanopartículas de polímeros biodegradáveis, são adequadas para a administração de medicamentos, uma vez que não apresentam toxicidade significativa. A maior parte da investigação ainda é efectuada em modelos animais, onde as nanopartículas se comportam potencialmente de forma diferente do que nos seres humanos. Temos ainda de esperar pelos resultados dos ensaios clínicos antes de as novas técnicas serem amplamente introduzidas. Existem, no entanto, fortes razões para a utilização da nanotecnologia. As propriedades estruturais, ópticas e magnéticas das nanopartículas não estão disponíveis nas moléculas maiores. Associadas a ligandos direccionadores, podem tornar-se muito específicas. A administração direta de medicamentos contra o cancro no seu local de ação deverá reduzir as doses necessárias, tornando o tratamento mais seguro e mais eficaz. O diagnóstico do cancro pode ser feito mais cedo no decurso da doença, dando aos doentes melhores hipóteses de recuperação. O conhecimento do perfil molecular de determinados doentes permitirá aos médicos definir terapias mais personalizadas contra o cancro. A nanotecnologia tem um futuro promissor e prevêem-se novos avanços nos próximos 5 a 10 anos. Podemos esperar a introdução de nanobots na prática clínica e, eventualmente, também de computadores pessoais que monitorizarão a nossa saúde e utilizarão medidas preventivas em vez de tratamentos. Não devemos esquecer todos os riscos e limitações, mas há boas razões para estarmos optimistas quanto ao futuro da nanotecnologia na medicina.

As implicações morais da nanotecnologia no corpo humano são muito importantes de compreender. Por exemplo, se os cientistas conseguirem criar um órgão artificial com sucesso, onde é que isso pára? As pessoas poderiam argumentar que criar um órgão é um pequeno passo para criar um organismo e que o homem não pode interferir na criação da vida. Por outro lado, o salto de um órgão para uma criatura viva é imenso e nenhuma tecnologia disponível atualmente ou num futuro previsível seria capaz de dar esse salto. Além disso, antes de se desenvolver qualquer tratamento, os cientistas devem refletir seriamente sobre a toxicidade das nanopartículas. Até à data, não há indícios de que as nanopartículas causem doenças ou danos por toxicidade, mas a pequena dimensão destas partículas faz com que se espalhem por uma área de superfície maior do que as suas contrapartes químicas maiores e a sua capacidade de penetrar nas células causaria resultados desastrosos se fosse utilizada uma nanopartícula nociva. Em conclusão, o futuro da nanotecnologia na diabetes está aberto a muitas possibilidades e será, sem dúvida, de enorme importância nos tempos vindouros.

A nanomedicina é frequentemente descrita como uma revolução médica //, mas o termo revolução implica que as mudanças vão acontecer de forma relativamente rápida e em grande escala. É provável que a nanotecnologia e as suas aplicações venham a ter efeitos importantes e duradouros nos cuidados médicos, mas pode demorar algum tempo até que essas mudanças se tornem visíveis. O projeto do genoma humano e a investigação em células estaminais são dois outros campos que atraíram muita atenção dos meios de comunicação social e foram rotulados de revoluções médicas, mas, tal como a nanomedicina, poderão passar muitos anos até que estas áreas de investigação sejam amplamente aplicadas na medicina. Richard Feynman utilizou pela primeira vez o termo nanotecnologia em 1959, quando afirmou que "há muito espaço no *fundo*", o que significa que as possibilidades de utilização de moléculas e estruturas muito pequenas são simultaneamente inexploradas e extensas. Se os nanomedicamentos pudessem ser aplicados com êxito e em segurança, haveria muitas vantagens. Em primeiro lugar, as nanopartículas são capazes de atingir células e tecidos específicos, o que as torna mais eficazes e mais rápidas do que os medicamentos actuais e evita efeitos nos tecidos saudáveis. Em segundo lugar, as nanopartículas podem ser manipuladas para criar estruturas específicas que respondam às necessidades do tratamento e podem ser introduzidas no corpo sem rejeição, uma vez que são biocompatíveis e biomiméticas, o que as torna muito versáteis.

No entanto, poderá nunca ser possível produzir em massa nanopartículas relevantes do ponto de vista médico de forma segura, pelo que poderá ser demasiado dispendioso utilizar a nanotecnologia em todas as áreas da medicina. Além disso, a nanotecnologia pode não ser adequada para ser utilizada em algumas áreas da medicina. Em conclusão, a nanomedicina apresenta um grande potencial para o futuro e os conhecimentos de que dispomos atualmente sugerem que as suas vantagens ultrapassarão os possíveis perigos. A nanomedicina representa um novo sistema de tratamento dos doentes: reparação e regeneração em vez de tratamento dos sintomas, uma vez que as nanomedicinas podem chegar à raiz do problema onde os tratamentos actuais muitas vezes não conseguem. No entanto, deve ser efectuada mais investigação para minimizar os possíveis efeitos secundários. Tirar conclusões gerais sobre as aplicações da nanotecnologia na medicina é apenas o primeiro passo para tratar um problema médico específico, neste caso as complicações da diabetes. Até à data, a investigação nanotecnológica tem sido levada a cabo numa grande variedade de domínios, mas ainda não foi aplicada ao tratamento da neuropatia diabética e apenas de forma limitada às doenças cardíacas e aos acidentes vasculares cerebrais. Por conseguinte, será necessário desenvolver mais investigação diretamente no domínio da diabetes e das suas complicações.

O objetivo deste artigo de revisão é dar uma ideia geral sobre a doença e a situação atual da diabetes na investigação clínica. A diabetes é uma doença que mata lentamente, sem tratamentos curáveis conhecidos. A diabetes pode ocorrer em qualquer idade. No entanto, o risco de desenvolver diabetes também aumenta à medida que as pessoas envelhecem. As pessoas com mais de 40 anos e com excesso de peso têm maior probabilidade de desenvolver diabetes. Os indivíduos mais velhos com diabetes têm taxas mais elevadas de morte prematura, incapacidade funcional e doenças como a hipertensão e o acidente vascular cerebral do que A ciência e o conhecimento que a comunidade científica tem atualmente sobre a nanotecnologia e as suas potenciais aplicações versáteis baseiam-se apenas no trabalho de investigação realizado nos laboratórios. Estas investigações estão a ser conduzidas para compreender como a matéria se comporta ao nível da nanoescala. Os factores e as condições que regem o comportamento dos sistemas macro não se aplicam realmente aos sistemas nano. As principais limitações e obstáculos tecnológicos enfrentados pela nanotecnologia e as suas aplicações no domínio da administração de medicamentos devem ser abordados. A comunidade científica ainda não compreendeu completamente a forma como o corpo humano reagiria a estas nanopartículas e nanossistemas, que actuam como transportadores de fármacos. As nanopartículas têm uma área de superfície maior do que o seu volume. A fricção e a aglomeração das nanopartículas numa estrutura maior são inevitáveis, o que pode afetar a sua função como sistema de administração de medicamentos. Devido ao seu tamanho diminuto, estes transportadores de fármacos podem ser eliminados do organismo pelas vias excretoras do corpo. Quando não são excretadas, as nanopartículas maiores podem acumular-se em órgãos vitais, causando toxicidade e conduzindo à falência dos órgãos. Um estudo recente realizado em ratos revelou que a distribuição das nanopartículas de ouro nos tecidos depende do tamanho, sendo as nanopartículas mais pequenas (15-50 nm) as que apresentam uma distribuição mais alargada nos órgãos, incluindo sangue, fígado, pulmão, baço, rim, cérebro, coração e estômago. Os lipossomas têm alguns inconvenientes, como o facto de serem capturados pelo sistema de defesa do corpo humano. A capacidade de carga de fármaco dos lipossomas está a ser testada por investigadores e continua a ser inconclusiva. Todos os estudos anteriores resultaram na acumulação pós-tratamento das nanopartículas na pele e nos olhos.

As nanopartículas de ouro tendem a acumular-se nas articulações ósseas e nos órgãos. Uma vez administradas no corpo humano, as nanopartículas devem ser controladas por um controlo externo que as impeça de causar efeitos adversos. Estas tecnologias de administração de medicamentos encontram-se em várias fases de investigação e desenvolvimento. Prevê-se que estas limitações possam ser ultrapassadas e que as descobertas venham a ser utilizadas na prática nos próximos 5 a 10 anos. A diabetes é um problema mundial em rápido crescimento, que exige uma gestão ao nível do doente, através do controlo da glicemia, para evitar o agravamento dos efeitos da doença. Dadas as limitações dos instrumentos de diagnóstico, são necessários melhores métodos para medir o nível de glucose no sangue. A nanotecnologia provou ser benéfica neste caso, não só aumentando a área de superfície disponível do complexo sensor-recetor, mas também aumentando a área de superfície disponível do complexo sensor-recetor.

A capacidade da nanotecnologia para melhorar numerosas terapias regenerativas, como a dos tecidos vasculares e cerebrais, tem sido referida em muitos estudos. Isto beneficiaria especificamente os doentes diabéticos com uma vascularização deficiente. Num modelo de rato diabético induzido por estreptozotocina, as nanoesferas de acrilato de polietilciano sob a forma de transportadores poliméricos biodegradáveis revelaram-se eficazes na administração de insulina. Outras tecnologias incluem películas camada a camada, que nano-encapsulam sensores e podem revolucionar a administração de insulina através de um melhor encapsulamento das ilhotas e de formulações orais.

Este artigo foi uma tentativa de rever os principais aspectos científicos e técnicos da nanomedicina relacionados com a diabetes. Apesar de as expectativas em relação à nanotecnologia na medicina serem elevadas e de os potenciais benefícios serem incessantemente enumerados, a segurança da nanomedicina ainda não é clara. A nanomedicina apresenta um grande potencial para o futuro tratamento da diabetes e, atualmente, os benefícios sugeridos para os cuidados de saúde dos diabéticos superam os possíveis perigos da utilização de nanopartículas na medicina. Concluímos aqui que a utilização da nanomedicina nos cuidados aos diabéticos está numa fase inicial, mas os progressos são rápidos. A diabetes ainda tem muitos problemas; a nanomedicina será provavelmente uma tecnologia chave para resolver muitos deles e será uma tecnologia central na investigação sobre a diabetes.

Cada vez mais, um grande número de pessoas com diabetes mellitus clínica e pré-clínica está a ser notificado em todo o mundo. É necessário um sistema seguro e eficaz de administração não invasiva de insulina. Se as formulações orais de insulina, como os comprimidos, forem bem sucedidas, isso representará um grande avanço tecnológico. O grande desafio da administração de insulina por via bucal consiste em aumentar a biodisponibilidade da insulina através da mucosa bucal oral. Para obter os resultados desejados, é necessário aplicar uma grande dose de insulina para atingir uma concentração terapêutica. Nos últimos anos, o desenvolvimento de sistemas inovadores de administração bucal tem mostrado resultados encorajadores no controlo e tratamento da diabetes. Pode concluir-se que a abordagem da insulina por via bucal satisfaz uma grande parte das necessidades dos diabéticos e que esta via tem potencial para revolucionar a forma como muitos péptidos são administrados, proporcionando uma alternativa conveniente, fiável e não invasiva. A nanomedicina encontra-se numa fase muito precoce, mas os progressos são rápidos, translacionais, expansivos e polivalentes. A diabetes ainda tem muitos problemas; é provável que a nanomedicina seja uma tecnologia chave para resolver muitos deles.

Nos últimos anos, assistimos a desenvolvimentos promissores no que respeita à administração passiva e ativa de fármacos no cérebro utilizando NPs. Paralelamente, surgiram nanotecnologias notáveis que podem manipular a agregação de Aβ tanto no cérebro como na circulação periférica, ajudando assim a terapia experimental da DA. No entanto, há ainda três questões importantes em aberto que devem ser respondidas antes de se avançar para investigações clínicas: (1) a eficácia do alívio dos sintomas por estes sistemas de nanopartículas deve ser validada em modelos in vivo representativos da DA, (2) devem ser utilizadas macromoléculas aprovadas pela FDA para as nanoconstruções e (3) devem ser consideradas administrações não invasivas de nanopartículas para fins terapêuticos repetidos e prolongados. Estes requisitos são igualmente relevantes quando se considera o desenvolvimento de uma estratégia baseada na produção de NPs para interacções físicas com o péptido Aβ e/ou a proteína τ. Além disso, neste caso, a maioria dos estudos acima referidos foram realizados em ambientes tampão, o que representa uma simplificação considerável das condições fisiológicas. As realizações recentes também descreveram a conceção e a utilização de agentes de imagiologia e de fármacos baseados em sistemas de nanopartículas. No entanto, a limitação mais proeminente é o facto de as placas já não serem consideradas a espécie tóxica na doença de Alzheimer, embora a maioria dos métodos descritos se baseie na sua deteção. Os métodos de deteção capazes de detetar com precisão biomarcadores a partir de amostras biológicas com elevada especificidade podem abrir caminho a kits de diagnóstico da doença de Alzheimer utilizados por rotina para fins clínicos. Embora se espere que a nanotecnologia tenha um enorme impacto no desenvolvimento de dispositivos "inteligentes" de administração de fármacos e de dispositivos ranósticos contra a doença de Alzheimer, uma lacuna crucial ainda por preencher diz respeito à elucidação da sua etiologia, para a qual é ainda necessário um grande esforço.

A boa notícia deste ano foi o facto de, pela primeira vez, as mortes causadas por doenças cardíacas terem sido inferiores às causadas por cancro em pessoas com idade inferior a um ano. A má notícia é que houve mais mortes causadas por cancro do que por doenças cardíacas. Se a incidência de mortes por cancro tivesse diminuído tanto como a das doenças cardíacas, o cancro estaria a aproximar-se do estatuto de doença rara. Em vez disso, a mortalidade global por cancro pouco se alterou durante este período, enquanto as mortes por doença cardíaca caíram quase para metade. Embora o cancro possa ser mais complexo do que as doenças cardiovasculares (uma opinião discutível), não é inconcebível que as mudanças no estilo de vida (deixar de fumar) e os novos medicamentos desenvolvidos a partir da nanotecnologia e de outros avanços médicos possam criar a mesma estatística louvável para o cancro e para as doenças cardíacas na próxima década. Os estudos nanotecnológicos não são novos. Na sua essência, todas as moléculas de medicamentos podem ser consideradas estruturas nanométricas. O que é novo é a inclusão de uma série de outras abordagens baseadas em nanotecnologias nos estudos medicinais. Por exemplo, os QDs conjugados com anticorpos são promissores na orientação in vivo, o que pode ser potencialmente útil para a deteção de doenças, enquanto tanto os QDs como os lipossomas nanométricos demonstram uma melhoria significativa em relação aos protocolos convencionais de administração de medicamentos menos dirigidos. Os anticorpos monoclonais e as vacinas dirigidas contra tumores têm sido amplamente estudados, enquanto os nucleótidos antisense oil go e os RNAs si são adições mais recentes ao repertório da nanomedicina. A destruição de tumores através da utilização de nano-conchas para ablação térmica está também a ser estudada e mostra-se promissora como método não cirúrgico de remoção de tumores. O conhecimento exato do genoma normal e do genoma do cancro está disponível, e o

A estrutura e a função de todos os genes estão agora ao alcance do químico medicinal e dos criadores de medicamentos. Isto permitirá a criação de medicamentos de pequenas moléculas não tóxicos e direccionados para utilização na clínica oncológica. Devido à complexidade dos cancros, será provavelmente necessária uma combinação de abordagens para a eliminação eficaz de todas as células tumorais.

O NCI está a liderar uma abordagem multidisciplinar ao estudo da nanomedicina, numa tentativa de acelerar o seu progresso e direcionar os benefícios para os doentes com cancro. Trata-se de uma iniciativa científica multimilionária com a duração de 5 anos, com ênfase na prevenção, deteção, terapêutica, qualidade de vida dos doentes e formação de investigadores, para acelerar o desenvolvimento da nanotecnologia com vista a derrotar definitivamente o cancro. Em conclusão, há boas razões para sentir um otimismo cauteloso em relação à cura do cancro até 2015. Toda uma base de conhecimentos está a concentrar os seus esforços nesta doença, o que é mais do que foi feito para qualquer outra doença. Além disso, as nanotecnologias, segundo as estimativas da National Science Foundation, tornar-se-ão uma indústria de 1 bilião de dólares até 2015, e grande parte deste esforço económico será dirigido para os sectores dos cuidados de saúde e da terapia do cancro. Para mais informações sobre o fascinante domínio das nanotecnologias, o leitor pode consultar os seguintes sítios Web muito úteis:

Embora as expectativas em relação à nanotecnologia na medicina sejam elevadas e os potenciais benefícios sejam incessantemente enumerados, a segurança da nanomedicina ainda não está totalmente definida. A utilização da nanotecnologia na terapêutica médica necessita de uma avaliação adequada dos seus factores de risco e segurança. No entanto, é possível que, no futuro, a nanomedicina venha a desempenhar um papel crucial no tratamento de doenças humanas e também no melhoramento da fisiologia humana normal. Com a aplicação simultânea das nanotecnologias noutros domínios, é provável que a sua utilidade se estenda a diagnósticos, técnicas e instrumentos de investigação molecular.

Em conclusão, descrevemos o microambiente tumoral para compreender melhor as possibilidades e as oportunidades de conceber novos sistemas de administração de fármacos passivos ou activos. Os nanoportadores podem escapar da vasculatura tumoral através do endotélio com fugas

Tecido que rodeia o tumor e que depois se acumula em certos tumores sólidos pelo efeito EPR. Este fenómeno é designado por "segmentação passiva". A base para uma maior especificidade tumoral é a acumulação diferencial de nanoportadores carregados com fármacos no tecido tumoral em relação ao tecido normal. Os ligandos-alvo ligados à superfície dos nanoportadores podem atuar como "dispositivos de orientação", melhorando a entrega selectiva do fármaco a tecidos e células específicos. Entre os vários ligandos atualmente desenvolvidos para permitir a "orientação ativa" dos tumores, alguns visam as células endoteliais tumorais, enquanto outros visam as próprias células cancerosas. A Fundação Nacional da Ciência dos EUA estima que o mercado da nanotecnologia valerá 1 bilião de dólares até 2015. O Instituto Nacional do Cancro está empenhado em aproveitar o poder da nanotecnologia para mudar radicalmente a forma como diagnosticamos, visualizamos e tratamos o cancro. Isto inclui a conceção de agentes de contraste específicos que melhoram a resolução da imagiologia de tumores e de nanomedicamentos capazes de atuar em células específicas. Prevê-se que os nanomedicamentos como sistemas de administração de medicamentos venham a alterar o panorama farmacêutico no futuro, oferecendo novas oportunidades de comercialização de medicamentos que até agora não podiam ser administrados (medicamentos pouco solúveis em água, macromoléculas bioactivas).

Poucos exemplos clínicos ilustram o facto de a nanotecnologia ter permitido a existência de novas terapêuticas que, de outro modo, não existiriam. Prevê-se que o benefício de um sistema de administração de fármacos direcionado em relação a um sistema equivalente não direcionado seja substancial. As propriedades atractivas dos nanomedicamentos incluem a sua capacidade de libertação controlada de fármacos, a orientação para tecidos específicos e a biocompatibilidade. Os nanomedicamentos oferecem a possibilidade de modificar os parâmetros farmacocinéticos e de diminuir a toxicidade sistémica dos medicamentos. No contexto atual, em que é necessário encontrar tratamentos não só mais eficazes mas também menos tóxicos, os nanomedicamentos encontram o seu lugar. De facto, hoje em dia, numa abordagem global dos tratamentos, é tida em conta não só a eficácia mas também a qualidade de vida do doente. No que diz respeito ao número crescente de ensaios clínicos de nanomedicinas combinadas com radioterapia ou com quimioterapia convencional, há indícios do sucesso destas terapias no futuro. De facto, antes de um novo sistema de administração de medicamentos ser aprovado, já está a ser testado em combinação com outros tratamentos. Assim, os sistemas de administração de fármacos podem ser associados a agentes vasoactivos para aumentar a focalização mediada pelo EPR, à radiação ou à quimioterapia convencional. É também possível associar sistemas de administração de fármacos a diferentes estratégias de seleção. Por conseguinte, não há dúvida de que os nanoportadores, em particular os sistemas ou associações multifuncionais, serão o principal arsenal terapêutico no futuro. No entanto, até à data, existem algumas limitações: (i) a principal limitação que impede a entrada no mercado de nanomedicamentos direccionados é o facto de as ideias inovadoras de investigação no meio académico não serem exploradas em colaboração com a indústria farmacêutica (ii)

Surgiu uma nova subdisciplina da nanotecnologia designada "nanotoxicologia". De facto, os sistemas *in vivo* são extremamente complexos e as interacções dos nanocarreadores com os componentes biológicos são vastas. Como seria de esperar, o tamanho e as propriedades da superfície dos nanocarreadores modificam o comportamento destes componentes no organismo. São necessários mais dados para compreender a sua relação estrutura-propriedade. Alguns nanomedicamentos receberam aprovações regulamentares que demonstram a sua biocompatibilidade, enquanto outros não foram testados. São necessários estudos e regulamentação para definir plenamente a biocompatibilidade dos nanocarreadores nos seres humanos.(iii) Os ensaios clínicos de tratamentos combinados são difíceis de efetuar, sobretudo porque é difícil estabelecer a prova de princípio e dados toxicológicos completos. No futuro, podemos esperar o aparecimento de muitas plataformas nanotecnológicas para aplicações de administração de medicamentos. A nanotecnologia irá alterar as próprias bases do diagnóstico, tratamento e prevenção do cancro

Os cientistas estão a desvendar as funções moleculares, celulares e dos circuitos do sistema nervoso e a identificar os genes e as vias que causam a neurodegeneração. Nos últimos anos, o desenvolvimento da nanotecnologia deu origem a progressos revolucionários, abrindo caminho a uma terapia e a um diagnóstico de doenças neurodegenerativas baseados em nanotecnologia. No entanto, será necessária mais investigação neste domínio para permitir a transição de aplicações pré-clínicas para aplicações clínicas concretas. Um desafio intrigante será a utilização de NM para estratégias combinadas de terapia e diagnóstico. Para este efeito, as NP mais adequadas são atualmente as magnéticas, que podem ser utilizadas para a ressonância magnética, a administração de medicamentos e de genes, a engenharia de tecidos e o rastreio de células, devido à sua capacidade única de serem guiadas por um campo magnético externo. Dado o crescimento exponencial das nanotecnologias, surgirão novas ferramentas que permitirão o desenvolvimento de novas perspectivas no tratamento e diagnóstico das doenças neurodegenerativas.

O domínio multidisciplinar das nanotecnologias está a aproximar cada vez mais a ciência do dispositivo quase incompreensivelmente pequeno da realidade. Os efeitos destes desenvolvimentos serão, em algum momento, tão vastos que provavelmente afectarão praticamente todos os domínios da ciência e da tecnologia. Como tal, a nanotecnologia promete proporcionar os maiores avanços tecnológicos da história. Nos próximos anos, prevê-se que a nanotecnologia continue a evoluir e a expandir-se em muitos domínios da vida e da ciência, e que as suas realizações sejam aplicadas nas ciências médicas, incluindo diagnósticos, sistemas de administração de medicamentos e tratamento de doentes.

Os recentes desenvolvimentos na área da nanotecnologia oferecem novas oportunidades, a par da utilização de nanopartículas para melhorar os testes de deteção, a administração de medicamentos específicos e novas modalidades de tratamento, como a destruição térmica não invasiva de células cancerígenas. Todos estes desenvolvimentos permitirão aos médicos oferecer aos doentes terapias mais personalizadas contra o cancro. O tratamento será individualizado para um subtipo específico de cancro. Serão administrados tratamentos específicos aos doentes que possam beneficiar deles e não aos que não respondam, para evitar efeitos secundários graves não justificados. Os potenciais efeitos secundários, particularmente na utilização a longo prazo de nanopartículas, ainda não são totalmente conhecidos e serão necessárias mais investigações

Bibliografia

1. E. S. Kawasaki, Audrey Player *Nanomedicine: Nanotechnology, Biology, and Medicine* (2005) *1* 101- 109.

2. S.K. Sahoo, S. Parveen, J.J. Panda, *Nanomedicine: Nanotecnologia, Biologia e Medicina* (2007) 3 20- 31.

3. C. John , Pickup, Z -Liang, Z. Faaizah, Khan, Tania Saxl, David J. S. Birch, *Diabetes Metab Res Rev (*2008) 604-610.

4. A. Surendiran, S. Sandhiya, S.C. Pradhan & C. *Adithan Indian J Med Resr*(2009), 689-701.

5. K. Karlikowski, *Trabalho de investigação baseado em aulas de patologia na medlink* (2010).

6. F. Danhier , O. Feron , V. Préat , *Journal of Controlled Release 148* (2010) 135-146.

7. F Mcglade, com Mérito, *Trabalho de investigação baseado em aulas de patologia na med link (*2010 - 2011).

8. S. Ross, *trabalho de investigação baseado em aulas de patologia na med link* (2010- 2011).

9. A. S. Gupta, *Nanomedicine: Nanotechnology, Biology, and Medicine,* (2011) 763-779.

10. R. Kumria, G. Goomber, *Journal of Diabetology*, (2011).

11. D. Brambilla, B. Le Droumaguet, , J. Nicolas. S. H. Hashemi, L-P Wu, S. M. Moghimi, P Couvreur, K Andrieux, Nanomedicina, *Nanotecnologia, Biologia e Medicina* 7 (2011) 521-540.

12. Makheswari, m. Uma e Sudarsanam , *Research Journal of Biotechnology,7* (2012) .

13. K. Subramania, S. Pathakb, H. Hosseinkhanic, *Digest journal of nano materials and bio structures* 7, (2012).

14. S. Rahiman e B. Ahmad, T. Rahiman e Tantry, *J Nanomed Nanotechol* (2012).

15. Francesca Re, Maria Gregori, Massimo Masserini, Nanotechnology for

neurodegenerative disorders, DOI: http://dx.doi.Org/10.1016/j.nano.2012.05.007

16. Dr. R. Sehgal, W. Central, *International Journal of Medicine and Mol eculr Medicine 3 (* 2012).

17. Consórcio Internacional para a Sequenciação do Genoma Humano. Sequenciação inicial e análise do genoma humano. *Nature 409* (2001) 860921.

18. JC Venter , MD Adams , EW Myers EW, Li PW, RJMural , GG Sutton . *A sequência do genoma humano. Science 291* (2001) 130451.

19. Consórcio Internacional para a Sequenciação do Genoma Humano. Finalização da sequência eucromática do genoma humano. *Nature 431* (2004) 93145.

20. A Player , JC Barrett , ES Kawasaki ., *microarrays e a definição exacta de uma célula cancerosa. 4* (2004)831- 40.

21. C Joachim , DF Emerich , Wu X, Liu H, Liu J, Haley KN, . *Nat Mater 4* (2005) 107 - 9.

22. D.F Emerich , C,G Thanos ... *Expe Opin Biol Ther 3 (*2003) 655 - 63.

23. S.K Sahoo ,V. Labhasetwar . *Drug Discov Today 8*(2003) 1112- 20.

24. D. Williams . *Nanotecnologia: um novo olhar. Med Device Technology 15 (*2004) 9 - 10.

25. M.M. Cheng, G. Cuda, Y.L Bunimovich, M Gaspari , JR Heath, H.D Hil , . *Curr Opin Chem Biol 10* (2006)11 - 9.

26. M Matsud , G Hunt *Nippon Koshu Eisei Zasshi 52(* 2005) 923- 7.

27. WC Chan ... *Biol Blood Marrow Transplant 12* (2006) 87 - 91.

28. C Shaffer. *Drug Discover Today 10*(2005) 1581- 2.

29. T T Yoshikawa, Y Tsutsumi , S Nakagawa . *Nippon Rinsho 64 (*2006) 247-52.

30. SM Moghimi ,A C Hunter , J C Murray . *Nanomedicina: situação atual e perspectivas futuras. FASEB J 19* (2005) 311 - 3

31. DF Emerich. Nanomedicina - aplicações terapêuticas e de diagnóstico prospectivas.

32. S.K. Sahoo, S. Parveen, J.J. Panda, Nanotechnology, Biology, and Medicine (2007)*3 20*- 31.

33. SM Moghimi , AC Hunter , JC Murray . *Nanomedicina: situação atual e perspectivas futuras. FASEB J (*2005)*19* 311-330.

34. RA Freitas . *Nanomed Nanotechnol Biol Med (*2005*) 1* 2-9.

35. WH Kroto, JR Heath , SC Brien , RF Curl , Buckminster fullerenes. *Nature (*1985) *318* 162-163.

36. MS Dresselhaus, G Dresselhaus ,A Jorio . *Ann Rev Mater Res* 2004; 34:247-278.

37. MJ Connel, SH Bachilo , CB Huffman , Band gap fluorescence from individual single walled carbon nanotubes. *Science (*2002) *297* 593596.

38. M Ferrari, *Nature Reviews Clinical Oncology* ,(2010) *7* 485-486 .

39. KK Jain: *BMC Medicine* (2010) *8* 83.

40. R. Seigneur , *Current Molecular Medicine* (2010),*10* 640-652.

41. J.D. Byrne, T. Betancourt, L. Brannon-Peppas, *Adv. Drug Deliv. Rev.* (2008) *60* 1615-1626.

42. J.H. Park, S. Lee, J.H. Kim, K. Park, K. Kim, I.C. Kwon, *Prog. Polym. Sci. 33* (2008) 113-137.

43. S.M. Moghimi, A.C. Hunter, J.C. Murray, *FASEB J.* (2005)*19* 311330.

44. P. Ehrlich, *Londres* (1960).

45. Y.H. Bae, *J. Control. Release* (2009)*133* 2-3.

46. H. Hillaireau, P. Couvreur, Nano carriers' entry into the cell: relevance to drug delivery, Cell.

47. Y. Malam, M. Loizidou, A.M. Seifalian, *Trends Pharmacol.* . (2009)*30 592-599.*

48. *B.K. Nanjwade, H.M. Bechra, G.K. Derkar, F.V. Manvi, V.K. Nanjwade, Eur. J. Pharm. (2009) 38185-196.*

49. *R. Duncan, , Nat. Rev. Cancer (2006)6 688-701*

50. *D.E. Owens , N.A., Int. J. Pharm. 307 (2006) 93-1021.*

51. *http://www.nano.org.uk/what-is-nanotechnology*

52. *http://www.understandingnano.com/medicine.html*

53. *http://www.rsc.org/chemistryworld/News/2009/August/19080901.asp*

54. *Terapia nanotecnológica para o cancro do cérebro http://www.nanowerk.com/spotlight/spotid=12962.php*

55. *A superfície dos nanotubos desencadeia um aumento da produção de matriz extracelular pelos condrócitos,* http://wwwbioeng.ucsd.edu/faculty/area/biosel/publications/pub31.pdf

56. Pensos de prata nanocristalina como uma barreira anti-MRSA eficaz http://www.ncbi.nlm.nih.gov/pubmed/15896880

57. Diabetes no SNS www.diabetes.nhs.uk/document.php?o=318

58. Principais estatísticas sobre a diabetes . http://www.diabetes.org.uk/Documents/Reports/Diabetes_in_the_UK_ 2010.pdf

59. KE Drexler , C Peterson , G Pergamit . Unbounding . *Nova Iorque: William Morrow;* (1991).

60. Jr RA Freitas . Avanços em nanomedicina e nanorobótica médica. In: Rieth M, Schommers W, editores, Vol. X. American Scientific Publishers X (2005). 1-54.

61. DR Phillips , PB Conley , U Sinha , P. Andre . *J Thromb Haem 3* (2005) 1577-89.5.

62. PA Gurbel , VL Serebruany *J Thromb Thrombolytic 10* 2000 217-20.

63. M Marzilli . *Int J Cardiol* (1995);49:S71-5

64. AG Rebeiz , CB Granger ,ML Simoons . *Cardiologia Fundamental e Clínica 52 (* 2005) 375-95.

65. D Brieger , E Topol. *Cardiovascular Res 35*(1997):405-13.

66. R Fattori , T Piva . *Stents farmacológicos na intervenção vascular. Lancet 361*(2003):247-9.

67. VP Torchilin. *Adv Drug Del Rev17* (1995) 75-101.

68. S Wild ,G Roglie , A Green , R Sicree , H King . *Diabetes Care* (2004) *27*:1047-1053.

69. J Varshosaz. *Recent Pat Endocr Metab Immune Drug Discovery 1*(2007) 25-40.

70. HW Querfurth , FM LaFerla . *Doença de Alzheimer. N Engl J Med 365 (*2010) 329-44.

71. H Potschka . *Handb Exp Pharmacol 197* (2010) 411-31.

72. GA Silva ... *Ann N Y Acad Sci 1199* (2010);221-30.

73. J Kreuter *Adv Drug Deliv Rev 47* (2001) 65-81.

74. A Nazem , GA Mansoori . *J Alzheimers Dis13* (2008) 199-223.

75. G Modi , V Pillay , YE Choonara . *Ann N Y Acad Sci 1184* (2010) 154-72.

76. GW Aylward (2005) Progressive changes in diabetics and their management (Alterações progressivas nos diabéticos e sua gestão) Eye (Lond) *19*: 1115-1118

77. S Wild, G Roglic, A Green, R Sicree, H King, . *Diabetes Care 27* (2004) 1047-1053.

78. D Aronson *45 Adv Cardiol (2008)* 1-16.

79. D Harrison, KK Griendling,U Landmesser, B Hornig, H Drexler . *Am J Cardiol* 91(2003) 7A-11A.

80. DF Emerich,CG Thanos . *Expert OpinBiol Ther 3*(2003) 655-663.

81. SK Sahoo, V Labhasetwar *Drug Discov Today 8* (2003) 1112-1120.

82. SM Moghimi, AC Hunter, JC Murra . *FASEB J 19* (2005) 311-330.

83. RA Freitas Nanomedicina *1*(2005) 29.

84. HW Kroto, JR Heath, S O'Brien, RF Curl, RE Smalley *Nature 318* (1985): 162-163.

85. JC Pickup, ZL Zhi, F Khan, T Saxl, DJ Birch, *Diabetes Metab Res Rev 24* (2008) 604-610

86. JJ Mastrototaro , *Diabetes Technol Ther 2* (2000) S13-S18.

87. A Maran, C Crepaldi, A Tiengo, G Grassi, E Vitali, *Um centro multicêntrico*
*Diabetes Care 25 (*2002) 347-352.

88. S Garg , H Zisser ,S Schwarz ,T Bailey , R Kaplan. *Diabetes Care 29* (2006) 44-50.

89. McCartney, JC Pickup, OJ Rolinski, DJ Birch . *Anal Biochem 292* (2001) 216-221.

90. R Ballerstadt, JS Schulz *Anal Chem 72* (2000): 4185-4192.

91. F Hussain, DJS Birch, JC Pickup . *Anal Biochem* (2005) *339*: 137143.

92. JS Marvin, HW Hellinga . *J Am Chem Soc* (1998) *120*: 7-11.

93. L Tolosa, I Gryczynski, LR Eichhorn, JD Dattelbaum, FN Castellano, *Anal Biochem* (1999) *267*: 114-120.

94. LL Salins, RA Ware, CM Ensor, S Daunert *Anal Biochem* (2001) *294*: 19-26

95. K Ye, JS Schultz . *Anal Chem* (2003) *75*: 3451-3459.

96. JC Pickup, F Hussain, ND Evans, OJ Rolinski, DJ Birch .*Biosens Bioelectron* (2005) *20*: 2555-2565

97. KK Jain . *Med Princ Pract* (2008) *17*:89-101.

98. A Surendiran, S Sandhiya, SC Pradhan, C Adithan . *Indian J Med Res* (2009) *130*: 689-701.

99. R Gabathuler. *NeurobiolDis* (2010) *37*:48-57.

100. C Fernandes, U Soni, V Patravale. *Pharmacol Res* (2010) *62*:166-78.

101. NJ Abbott, DC Chugani, G Zaharchuk, BR Rosen, EH Lo. *Adv Drug Deliv Rev* (1999) *37*:253-77.

102. MM Patel, BR Goyal, SV Bhadada, JS Bhatt, AF Amin. *CNS Drugs* (2009) *23*:35-58.

103. S Bhaskar, F Tian, T Stoeger, *Part Fibre Toxicol* (2010) *7*:3.

104. E Norrby. *J Intern Med* (2011) *270*:1-14.

105. Y Cho, RB Borgens . *Exp Neurol*, (2011) no prelo.

106. SS Ali, JI Hardt, KL Quick. *Free Radic Biol Med* (2004) *37*:1191-20

107. PA Gurbel, VL Serebruany. *J Thromb Thrombolysis* (2000) *10*: 21720.

108. M Marzilli. *Int J Cardiol* (1995) *49*:S71-5.

109. AG Rebeiz, CB Granger, ML Simoons. *Cardiologia* Clínica *e Fundamental* (2005) *52*:375-95.

110. D Brieger, E Topol. *Cardiovascular Res* (1997) *35*:405-13.

111. R Fattori, T Piva. *Lancet* (2003) *361*:247-9.

112. VP Torchilin. *Adv Drug Del Rev* (1995) *17*:75-101.

MIX
Papier aus verantwortungsvollen Quellen
Paper from responsible sources
FSC® C105338

Printed by Books on Demand GmbH, Norderstedt / Germany